Grazie per aver acquistato questo libro!

La Corretta Gestione Dei Rifiuti Solidi Urbani.

Attraverso questa pubblicazione, si vuole esplorare delle alternative nella gestione e trattamento dei Rifiuti Solidi Urbani (RSU) proponendo sia agli lettori esperti di ingegneria civile-ambientale, sia ai lettori neofiti le diverse modalità alternative di gestione dei rifiuti con spunti tecnici per una gestione sostenibile delle risorse per promuovere sostenibilità ambientale ed economia circolare a servizio delle comunità locali: **Un piccolo tassello per un mondo nuovo.**

Spero che all'interno di esso troverai spunti interessanti per analizzare la problematica in merito alla gestione dei Rifiuti Solidi Urbani e alle diverse opportunità di recupero energetico ed esplorando alcuni impieghi fondamentali nel settore edile.

Per qualsiasi domanda puoi scrivermi a graziano.ciccarelli96@outlook.it

Pubblicato da Il Grimorio Edizioni
Casa Editrice ,dell'Associazione VAULT LAB | http://vaultlab.it
Distribuito tramite Amazon

Altre Pubblicazioni dell'autore:
Tramite Black Front Press (UK):
-CONTRA-MODERN: Further Essays On Baron Julius Evola
-DISCIPLES OF THE BLUE FLOWER: Europe's Great Romantics
-WAR OF IDEAS: Seminal Thinkers Of The New Right

◆ Il Grimorio ◆

SOMMARIO

INTRODUZIONE

L'articolo 183, comma 1, lett. f) del decreto legislativo n. 152/2006 definisce il concetto di produttore di rifiuti come segue: "Il produttore di rifiuti è il soggetto responsabile dell'attività che genera rifiuti, sia direttamente (produttore iniziale) che legalmente attribuibile a tale produzione, o chiunque svolga operazioni di pre-trattamento, miscelazione o altre modifiche che alterino la natura e la composizione dei rifiuti (nuovo produttore)." Questo concetto sottolinea l'importanza di attribuire responsabilità precise nella gestione dei rifiuti, incentivando una gestione più consapevole e sostenibile delle risorse.

Nel contesto attuale, la missione per il nuovo millennio non si è limitata a fermare la crescita della quantità di rifiuti, ma ha posto una forte enfasi sulla loro valorizzazione nell'ambito del sistema ambientale e culturale. La sfida non è solo ridurre i rifiuti prodotti, ma trasformarli in risorse utili attraverso tecnologie innovative e pratiche sostenibili. Lo sviluppo sostenibile è fondamentale per garantire un futuro in cui le risorse naturali siano utilizzate in modo efficiente e responsabile. Nella gestione dei rifiuti, questo significa adottare pratiche che riducano la quantità di rifiuti prodotti e ne promuovano il riciclo e il recupero.

A livello nazionale, dovremmo promuovere un modello di gestione dei rifiuti basato su un sistema integrato. Questo modello si basa principalmente sul concetto di recupero e valorizzazione delle componenti merceologiche dei rifiuti urbani, sia in forma di materia che di energia. Tale approccio mira a limitare il ricorso alle discariche solo per i rifiuti che non possono essere più valorizzati. Un sistema integrato di gestione dei rifiuti comporta diverse fasi: riduzione alla fonte, raccolta differenziata, riciclo, recupero di energia e, infine, smaltimento. Questo ciclo chiuso non solo riduce l'impatto ambientale, ma contribuisce anche alla creazione di un'economia circolare. L'adozione di pratiche di riduzione, riuso, riciclo e recupero energetico non solo contribuisce a diminuire l'impatto ambientale dei rifiuti, ma favorisce anche l'uso efficiente delle risorse.

La corretta gestione dei rifiuti solidi urbani propone una soluzione efficace per valorizzare i rifiuti, integrando sia l'aspetto energetico che quello materiale. In particolare, analizziamo le caratteristiche delle ceneri prodotte dalla combustione dei rifiuti solidi urbani (MSWI - Municipal Solid Waste Incinerators), con particolare attenzione alle loro proprietà chimiche. Le ceneri di MSWI, se trattate correttamente, possono rappresentare una risorsa preziosa piuttosto che un rifiuto problematico.

Discutiamo inoltre i possibili metodi di trattamento per l'utilizzo delle ceneri, tra cui processi di separazione, solidificazione/stabilizzazione e processi termici. I processi di separazione permettono di isolare materiali riutilizzabili, mentre la solidificazione e stabilizzazione migliorano le caratteristiche fisiche e chimiche delle ceneri, rendendole sicure per l'uso. I processi termici, come la vetrificazione, possono trasformare le ceneri in materiali inerti e stabili.

Esaminiamo diverse applicazioni possibili per le ceneri di MSWI, tra cui la produzione di cemento e calcestruzzo, pavimentazione stradale, vetri e ceramiche, agricoltura, adsorbenti e produzione di zeoliti. Nella produzione di cemento e calcestruzzo, le ceneri possono sostituire parzialmente i materiali tradizionali, riducendo l'impatto ambientale della produzione. Per la pavimentazione stradale, le ceneri possono essere utilizzate come aggregati, migliorando la durabilità e riducendo i costi. Nella produzione di vetri e ceramiche, le proprietà delle ceneri possono essere sfruttate per creare materiali innovativi e sostenibili. In agricoltura, le ceneri possono migliorare la qualità del suolo, mentre come adsorbenti, possono essere utilizzate per la purificazione dell'acqua e dell'aria. Infine, le zeoliti, prodotte dalle ceneri, hanno numerose applicazioni industriali grazie alla loro struttura porosa e capacità di scambio ionico.

In conclusione, la gestione sostenibile dei rifiuti e la valorizzazione delle ceneri di MSWI rappresentano una sfida cruciale e una grande opportunità per ridurre l'impatto ambientale e promuovere lo sviluppo di un'economia circolare. Attraverso l'innovazione tecnologica e un approccio integrato, possiamo trasformare i rifiuti in risorse preziose per il futuro. Promuovere un modello sostenibile di gestione dei rifiuti, che enfatizzi il recupero e la valorizzazione, significa ridurre la pressione sulle discariche, minimizzare l'impatto ambientale e creare nuove opportunità economiche. Questo approccio è in linea con i principi dell'economia circolare, che mira a mantenere il valore delle risorse il più a lungo possibile, eliminando gli sprechi e rigenerando i sistemi naturali.

CAPITOLO I

1   I rifiuti

1.1 La definizione di rifiuto

In Italia, la definizione normativa di rifiuti è fornita nel primo comma dell'articolo 181 del **Decreto Legislativo 3 aprile 2006, n. 152,** noto come **"Testo Unico Ambientale"**. Questo articolo afferma che un rifiuto è qualsiasi sostanza o oggetto che rientra nelle categorie elencate nell'Allegato A alla quarta parte di questo decreto e di cui il detentore si disfa, ha deciso di disfarsi o è obbligato a sbarazzarsi, indipendentemente dalla possibilità di riutilizzare il bene. Le categorie menzionate nell'Allegato A includono i residui di produzione o di processi industriali, prodotti fuori norma, scaduti o non più utilizzati, e sostanze accidentalmente cadute o versate.

La classificazione dei rifiuti è regolata da criteri rigorosi e articolati. Le tipologie di rifiuti sono state organizzate nel **Catalogo Europeo dei Rifiuti (CER)**, che rappresenta un sistema di identificazione basato su un codice a sei cifre che specifica la natura e l'origine dei rifiuti. In base a questa classificazione, i rifiuti possono essere distinti in diverse categorie.

Innanzitutto, i rifiuti sono classificati in base all'origine:

Rifiuti solidi urbani (RSU): comprendono i rifiuti domestici e altri tipi di rifiuti simili per qualità e quantità ai rifiuti domestici. Sono spesso indicati con l'acronimo inglese **MSW (Municipal Solid Waste)**.

Rifiuti speciali: sono generati da attività produttive, agricole, industriali, artigianali, commerciali, di servizio e sanitarie. Questi rifiuti richiedono una gestione particolare a causa delle loro caratteristiche specifiche.

Un'ulteriore distinzione è fatta in base alla pericolosità:

Rifiuti pericolosi: contengono sostanze che possono rappresentare un rischio significativo per la salute umana e per l'ambiente. La pericolosità è determinata dalla concentrazione di sostanze pericolose presenti nel rifiuto, espressa in percentuale rispetto al peso.

Rifiuti non pericolosi: non contengono sostanze pericolose in concentrazioni tali da rappresentare un rischio significativo.

Inoltre, i rifiuti sono classificati in base allo stato fisico:

Solido pulverulento: rifiuti sotto forma di polvere.

Solido non pulverulento: rifiuti solidi in forme diverse dalla polvere.

Fangoso palabile: rifiuti in forma di fanghi che possono essere manipolati con pale.

Liquido: rifiuti in stato liquido.

L'articolo 184, comma 2 del Decreto Legislativo 152/06, definisce in dettaglio le tipologie di rifiuti urbani (RSU), specificando che comprendono:

a) **Rifiuti domestici**, inclusi quelli ingombranti, provenienti da locali e luoghi destinati all'uso civile abitazione;

b) **Rifiuti non pericolosi** provenienti da locali diversi da quelli destinati all'uso civile abitazione, ma simili ai rifiuti urbani per qualità e quantità;

c) **Rifiuti derivanti dalla pulizia delle strade**;

d) **Rifiuti di qualsiasi natura o provenienza** presenti sulle strade e nelle aree pubbliche, nonché sulle strade e nelle aree private soggette a uso pubblico o sulle spiagge marittime e lacuali e sulle rive dei corsi d'acqua;

e) **Rifiuti vegetali** provenienti da aree verdi, come giardini, parchi e aree cimiteriali;

f) **Rifiuti provenienti da esumazioni ed estumulazioni**, nonché altri rifiuti derivanti da attività cimiteriali.

La gestione dei rifiuti in Italia è quindi disciplinata da un complesso sistema normativo che mira a garantire la tutela dell'ambiente e della salute pubblica. Ogni tipologia di rifiuto deve essere trattata secondo specifiche procedure che ne garantiscano la corretta raccolta, il trasporto, il trattamento e lo smaltimento o il recupero.

1.2   Gestione dei rifiuti

Inoltre, la trasformazione dei rifiuti solidi urbani in risorse utili può contribuire in modo significativo alla riduzione dell'impatto ambientale e alla creazione di valore economico.

In questo contesto, la gestione sostenibile dei rifiuti solidi urbani gioca un ruolo cruciale. L'adozione di pratiche di separazione dei rifiuti alla fonte, l'istituzione di programmi di compostaggio comunitario e l'implementazione di infrastrutture per il riciclo sono solo alcune delle strategie che possono essere adottate per promuovere una gestione più efficiente e sostenibile dei rifiuti urbani.

La valorizzazione dei rifiuti solidi urbani può avvenire attraverso diverse vie. Ad esempio, la produzione di biogas da rifiuti organici può fornire una fonte di energia rinnovabile, riducendo la dipendenza da combustibili fossili e contribuendo alla mitigazione dei cambiamenti climatici. Allo stesso tempo, il riciclo dei materiali come carta, plastica e vetro può ridurre la necessità di materie prime vergini e limitare l'estrazione e la produzione di nuovi materiali, con conseguente riduzione dell'impatto ambientale complessivo.

L'integrazione delle tecnologie innovative per il trattamento e la valorizzazione dei rifiuti solidi urbani può anche creare opportunità economiche locali. Ad esempio, l'implementazione di impianti di compostaggio o di impianti di riciclo avanzati può generare posti di lavoro nel settore ambientale e promuovere lo sviluppo economico delle comunità locali. Promuovere un modello di gestione dei rifiuti solidi urbani che enfatizzi la riduzione, il riciclo e il recupero significa ridurre la dipendenza dalle discariche, minimizzare l'impatto ambientale e creare nuove opportunità economiche per le comunità urbane.

Questo approccio è in linea con i principi dell'economia circolare, che mira a mantenere il valore delle risorse il più a lungo possibile, eliminando gli sprechi e rigenerando i sistemi naturali.

L'uso delle ceneri di incenerimento dei rifiuti solidi urbani in applicazioni come la produzione di cemento e calcestruzzo, la pavimentazione stradale e altri settori industriali può contribuire non solo a ridurre l'impatto ambientale, ma anche a creare prodotti sostenibili e innovativi. Queste pratiche supportano gli obiettivi di sviluppo sostenibile delle Nazioni Unite, in particolare quelli relativi alla gestione sostenibile delle risorse (SDG 12), alle città e comunità sostenibili (SDG 11) e all'azione per il clima (SDG 13).

La gestione sostenibile dei rifiuti solidi urbani e lo sviluppo sostenibile sono strettamente interconnessi. Attraverso politiche innovative, tecnologie avanzate e pratiche integrate, possiamo non solo affrontare le sfide ambientali odierne, ma anche promuovere un futuro più sostenibile e resiliente per tutti. La collaborazione tra enti governativi, imprese e cittadini è essenziale per creare una cultura della sostenibilità che pervada tutti i settori della società.

Educare le future generazioni sull'importanza della gestione dei rifiuti solidi urbani e del rispetto per l'ambiente contribuirà a consolidare un approccio responsabile e consapevole verso le risorse del nostro pianeta. Inoltre, l'implementazione di sistemi di gestione dei rifiuti solidi urbani intelligenti, che utilizzano tecnologie digitali per monitorare e ottimizzare la raccolta e il trattamento dei rifiuti, può portare a una maggiore efficienza e trasparenza.

La condivisione delle migliori pratiche a livello internazionale e la cooperazione tra Paesi possono accelerare il progresso verso un'economia più verde e sostenibile. In sintesi, la transizione verso un modello di sviluppo sostenibile richiede uno sforzo congiunto e coordinato a livello globale, dove la gestione dei rifiuti solidi urbani gioca un ruolo di primo piano. Solo attraverso un impegno collettivo possiamo sperare di preservare il nostro ambiente per le generazioni future e garantire una qualità della vita elevata per tutti.

Le modalità di trattamento etico e sostenibile dei rifiuti solidi urbani richiede una diversificazione delle strategie adottate per affrontare le sfide complesse presenti nelle comunità urbane di tutto il mondo. Ad esempio, iniziative come il programma di separazione dei rifiuti alla fonte adottato a San Francisco, negli Stati Uniti, hanno dimostrato il potenziale di riduzione dei rifiuti destinati alle discariche attraverso la partecipazione attiva dei cittadini. Parallelamente, progetti di compostaggio comunitario in città come Berlino hanno contribuito non solo a ridurre i rifiuti organici, ma anche a creare fertilizzanti naturali per l'agricoltura urbana, promuovendo così la sostenibilità a livello locale.

In termini economici, la gestione sostenibile dei rifiuti solidi urbani può rappresentare un'opportunità per lo sviluppo economico locale.

Ad esempio, l'implementazione di impianti di riciclo avanzati può non solo ridurre i costi associati allo smaltimento dei rifiuti, ma anche generare nuove opportunità occupazionali nel settore ambientale. In questo contesto, progetti pilota come quelli sviluppati in Giappone, dove i rifiuti sono trattati come risorse preziose, hanno dimostrato la fattibilità economica della gestione sostenibile dei rifiuti solidi urbani.

Un aspetto cruciale della gestione sostenibile dei rifiuti solidi urbani è la sensibilizzazione e l'educazione della comunità. Campagne di sensibilizzazione pubblica, come quelle condotte a Singapore per promuovere l'adozione di pratiche di riduzione dei rifiuti plastici, possono avere un impatto significativo sui comportamenti dei cittadini e sulla percezione dei rifiuti come risorsa anziché come problema. L'educazione ambientale nelle scuole e nelle comunità può inoltre contribuire a formare cittadini consapevoli e responsabili, pronti ad adottare pratiche sostenibili nel loro quotidiano.

Le sfide attuali e future nella gestione dei rifiuti solidi urbani includono la crescente urbanizzazione, l'aumento della produzione di rifiuti e la necessità di adattare le infrastrutture esistenti per affrontare queste sfide in modo sostenibile. Tuttavia, anche queste sfide presentano opportunità di innovazione e progresso. L'adozione di tecnologie emergenti, come sensori intelligenti per la raccolta dei rifiuti e sistemi di monitoraggio delle discariche basati su dati, offre la possibilità di ottimizzare la gestione dei rifiuti e ridurre ulteriormente l'impatto ambientale delle attività urbane.

Infine, la collaborazione internazionale e lo scambio di conoscenze e migliori pratiche sono essenziali per affrontare efficacemente le sfide globali legate alla gestione dei rifiuti solidi urbani. Iniziative come la Rete delle città intelligenti della Banca Mondiale e il Programma delle Nazioni Unite per l'Ambiente forniscono piattaforme per lo scambio di esperienze e la collaborazione tra paesi per affrontare le sfide comuni legate alla gestione sostenibile dei rifiuti solidi urbani. Solo attraverso un approccio integrato e cooperativo possiamo sperare di raggiungere gli obiettivi di sviluppo sostenibile e garantire un futuro migliore per le generazioni future.

1.3 Sistemi di trattamento

Il trattamento dei rifiuti è un complesso processo che si propone di gestire in modo sostenibile il ciclo di vita dei materiali, minimizzando l'impatto ambientale e massimizzando il recupero di risorse. Questo processo si suddivide principalmente in quattro categorie:

Incenerimento: Questa tecnologia consolidata consente di convertire i rifiuti solidi urbani (RSU o MSW) o il combustibile derivato dai rifiuti (CDR o RDF) in energia elettrica e termica attraverso la combustione controllata. Oltre a fornire una fonte di energia, l'incenerimento può essere una risorsa preziosa per il recupero di materiali. Attraverso tecniche avanzate di recupero, come la selezione dei metalli o la cattura di inquinanti, gli impianti di incenerimento possono diventare il fulcro per il recupero di risorse, riducendo così la quantità di rifiuti destinati alle discariche. Inoltre, l'incenerimento può contribuire alla riduzione delle emissioni di gas serra rispetto alla decomposizione anaerobica in discarica.

Trattamento Meccanico-Biologico (TMB): Questa tecnologia innovativa si basa sull'impiego di processi meccanici e biologici per trattare i rifiuti non differenziati o quelli residui dopo la raccolta differenziata. Attraverso l'uso di macchinari specializzati, i rifiuti vengono suddivisi in diverse frazioni, tra cui quella organica e quella inorganica. La frazione organica può essere sottoposta a processi biologici come il compostaggio, mentre la frazione inorganica può essere riciclata o convertita in combustibile derivato dai rifiuti. Questo approccio favorisce una gestione più efficiente delle risorse, riducendo il volume di rifiuti destinati alle discariche e promuovendo l'economia circolare.

Compostaggio di Matrici Selezionate: Questa pratica si concentra sulla trasformazione della frazione organica dei rifiuti solidi urbani e dei rifiuti biodegradabili derivati da attività agricole e industriali in compost di alta qualità. Il compostaggio non solo riduce la quantità di rifiuti destinati alle discariche, ma produce anche un prodotto finale utile per migliorare la fertilità del suolo e ridurre l'uso di fertilizzanti chimici. Inoltre, il compostaggio può contribuire alla mitigazione dei gas serra attraverso la stabilizzazione della materia organica.

Smaltimento in Discarica: Sebbene sempre più considerato come ultima risorsa, lo smaltimento in discarica rimane ancora una pratica diffusa per la gestione dei rifiuti solidi urbani e di altre tipologie di rifiuti che non possono essere trattati in modo alternativo. Tuttavia, l'uso delle discariche comporta rischi ambientali significativi, come l'inquinamento del suolo e delle acque sotterranee e la produzione di gas serra. Pertanto, è essenziale ridurre progressivamente l'uso delle discariche attraverso l'adozione di pratiche di gestione dei rifiuti più sostenibili e il potenziamento delle alternative di trattamento e recupero delle risorse.

Riduzione alla fonte: La riduzione alla fonte dei rifiuti solidi urbani è un pilastro fondamentale della gestione sostenibile dei rifiuti. Questo approccio mira a ridurre la quantità complessiva di rifiuti generati attraverso pratiche di consumo consapevole e sostenibile. Le campagne di sensibilizzazione pubblica possono educare i cittadini sull'importanza di ridurre gli imballaggi eccessivi, l'acquisto di prodotti confezionati in modo sostenibile e l'adozione di pratiche di riduzione dei rifiuti, come il riutilizzo e il compostaggio domestico. Inoltre, i programmi di educazione ambientale nelle scuole e nelle comunità possono incoraggiare comportamenti responsabili nei confronti dei rifiuti fin dalla giovane età, creando una cultura del consumo consapevole e della riduzione dei rifiuti.

Raccolta differenziata: Implementare un sistema di raccolta differenziata efficace è cruciale per massimizzare il recupero di risorse dai rifiuti solidi urbani. Questo processo coinvolge la suddivisione dei rifiuti in diverse categorie in base alla loro composizione, come carta, plastica, vetro, metallo e rifiuti organici. Attraverso la raccolta differenziata, è possibile indirizzare ogni categoria di rifiuti verso il processo di trattamento più appropriato, come il riciclo, il compostaggio o il recupero energetico. Inoltre, i sistemi di raccolta differenziata possono essere progettati per incoraggiare la partecipazione attiva dei cittadini attraverso l'istituzione di programmi di incentivi, la fornitura di contenitori per la raccolta differenziata e la distribuzione di materiali educativi sulla corretta disposizione dei rifiuti.

Promozione del riciclo e del riuso: Oltre alla raccolta differenziata, è essenziale promuovere attivamente il riciclo e il riuso dei materiali per ridurre l'impatto ambientale dei rifiuti solidi urbani. Ciò può includere l'istituzione di programmi di riciclo incentivati che premiano i cittadini per il corretto smaltimento dei materiali riciclabili, la creazione di infrastrutture per il riciclo dei materiali a livello locale e la promozione di pratiche di riutilizzo dei beni e dei prodotti. Inoltre, è importante educare i cittadini sulle opportunità di riciclo e riuso disponibili nella propria comunità e fornire loro le risorse necessarie per partecipare attivamente a tali programmi.

Investimenti in infrastrutture di gestione dei rifiuti: L'investimento in infrastrutture moderne e efficienti per la gestione dei rifiuti solidi urbani è fondamentale per garantire un sistema di gestione dei rifiuti sostenibile e resiliente. Ciò può includere la costruzione e l'aggiornamento di impianti di trattamento meccanico-biologico, impianti di compostaggio, impianti di recupero energetico e impianti di riciclaggio. Inoltre, è importante considerare la progettazione di infrastrutture flessibili e adattabili che possano essere facilmente aggiornate o espanso per rispondere alle esigenze mutevoli della popolazione e dell'ambiente.

CAPITOLO II

2 I rifiuti solidi urbani

2.1 Produzione e gestione dei rifiuti urbani in Europa

Stiamo attualmente conducendo un'analisi approfondita e dettagliata per esaminare l'andamento nel tempo della produzione dei rifiuti urbani al fine di valutare se si stia verificando una tendenza alla dis-associazione tra la produzione di rifiuti e i fattori economici. Utilizziamo una vasta gamma di dati provenienti da fonti autorevoli come **Eurostat, l'Istituto Superiore per la Protezione e la Ricerca Ambientale (ISPRA)** con dati aggiornati fino al 2021 **e il Servizio di Ricerca Parlamentare Europeo (EPRS)**.

Nel 2021, nell'**UE27**, sono stati avviati a compostaggio e/o digestione anaerobica circa 42,3 milioni di tonnellate di rifiuti urbani, registrando un aumento dell'8,1% rispetto al 2019, equivalente a un incremento di 3,2 milioni di tonnellate. La Polonia e l'Italia si distinguono per i maggiori incrementi quantitativi nel triennio considerato, con la Polonia che ha visto un aumento di 671 mila tonnellate (+58,2%) e l'Italia con un aumento di 660 mila tonnellate (+10,3%). In termini percentuali, la Lettonia ha segnato l'incremento maggiore, con un aumento del 64,3%, pari a 27 mila tonnellate, mentre la

Bulgaria ha mostrato una significativa diminuzione percentuale del 72,3%, equivalente a una riduzione di 172 mila tonnellate, seguita dalla Lituania con una diminuzione del 18,1% (-53 mila tonnellate) e dalla Spagna con una diminuzione di 132 mila tonnellate (-3,2%).

L'analisi delle quantità pro capite di rifiuti urbani avviati a riciclaggio e compostaggio/digestione aerobica/anaerobica rivela variazioni significative nel triennio considerato. La quantità pro capite di rifiuti urbani avviata a riciclaggio è passata da 150 a 161 kg/abitante all'anno, con alcuni Paesi come l'Austria e la Germania che superano di gran lunga la media UE con valori pro capite di 343 kg/ab e 302 kg/ab rispettivamente, mentre altri come la Romania mostrano valori molto bassi con soli 20 kg/ab per anno. In questo contesto, l'Italia ha registrato un leggero calo da 151 kg/ab nel 2019 a 137 kg/ab nel 2021.

La quantità pro capite di rifiuti urbani avviata a compostaggio e/o digestione anaerobica rappresenta un indicatore significativo delle politiche di Economia circolare. Nel triennio considerato, i quantitativi pro capite nell'UE27 sono aumentati da 87 a 95 kg/abitante all'anno, con Paesi come Danimarca e Lussemburgo che superano di molto la media UE con valori pro capite di 202 kg/abitante e 200 kg/abitante rispettivamente nel 2021. Al contrario, Paesi come Malta non utilizzano queste forme di gestione, mentre Cipro ne avvia solo 8 kg/ab all'anno. In questa prospettiva, l'Italia si colloca sopra la media UE con 119 kg/abitante all'anno.

Il tasso di riciclaggio dei rifiuti urbani, un altro indicatore rilevante per le politiche di Economia circolare, è parte degli Obiettivi di sviluppo sostenibile (SDG) dell'UE. Sebbene fornisca informazioni sulle prestazioni dei Paesi nella gestione dei rifiuti urbani, va notato che non è completamente idoneo a monitorare il rispetto dell'obiettivo di riciclaggio stabilito dalla Direttiva **2008/98/CE**, a causa delle differenze metodologiche applicate rispetto alla direttiva quadro e alla decisione di esecuzione **2019/1004/EU**. La percentuale di riciclaggio nell'UE27 è aumentata nel triennio di 1,5 punti percentuali, con Slovacchia e Repubblica Ceca che hanno mostrato i maggiori incrementi, rispettivamente del 10,4% e del 10%, mentre Svezia e Bulgaria hanno registrato i decrementi più significativi, rispettivamente del 7,1% e del 6,4%. In questo contesto, l'Italia ha segnato un incremento del 0,5% nel triennio.

Infine, è possibile consultare il grafico qualitativo (fonte: **ISPRA Tabella 1.7 & 1.8**) che illustra l'andamento della quantità pro capite dei rifiuti urbani nel periodo compreso tra il 2019 ed il 2021 (periodo riportato nella pubblicazione **ISPRA Rapporto Rifiuti Urbani - Edizione 2023 - Aggiornamento del 6 febbraio 2024**).

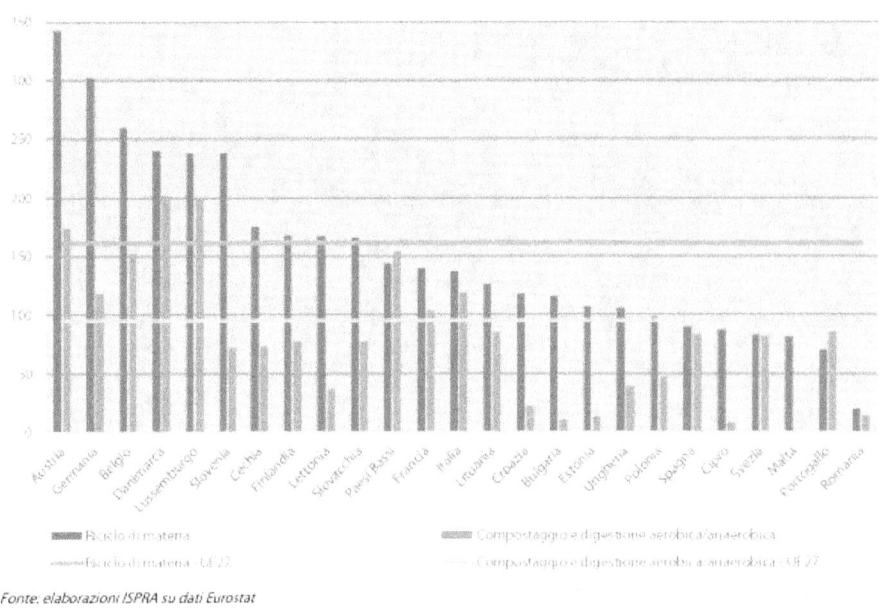

Figura 1: quantità pro capite di rifiuti urbani avviati a riciclaggio nell'UE27
(kg/abitante per anno) – anno 2021

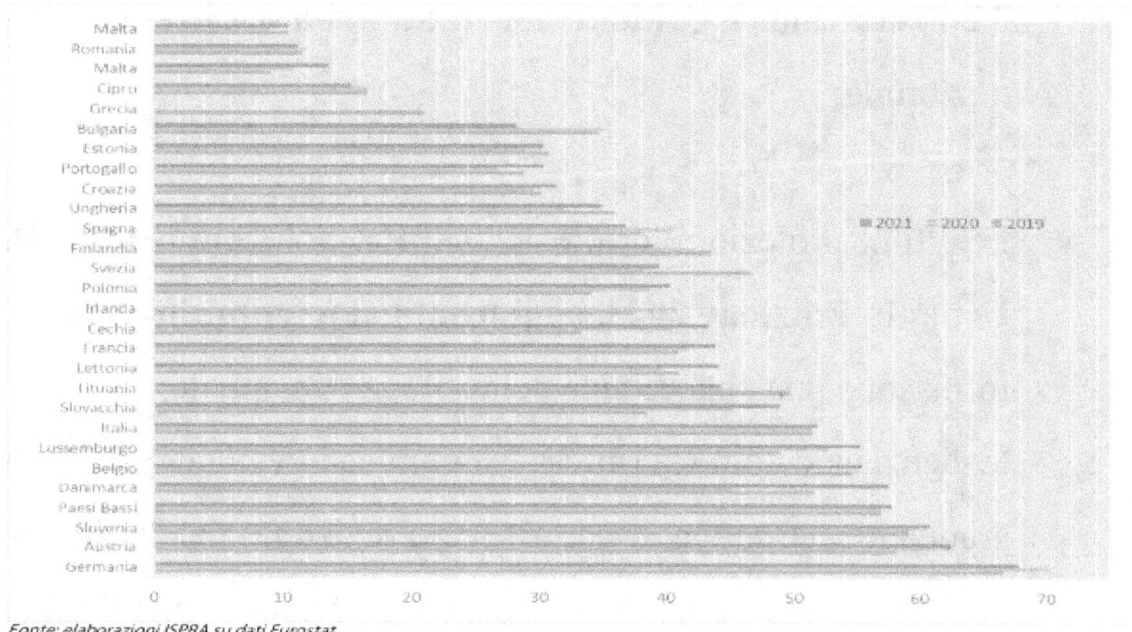

Fonte: elaborazioni ISPRA su dati Eurostat

Figura 2: percentuale dei rifiuti urbani avviati a riciclaggio nei Paesi della UE27 ,2019-2021

2.2 Produzione e gestione dei rifiuti urbani a livello nazionale

Le ultime proiezioni fornite dall'**ISPRA nel Rapporto Rifiuti Urbani - Edizione 2023, aggiornato al 6 febbraio 2024**, ci forniscono una panoramica della situazione attuale, evidenziando come la ripresa economica avviata dal 2021 stia gradualmente mitigando il forte calo registrato nel 2020 a causa dell'emergenza sanitaria. Nonostante indicatori come il PIL e la spesa per consumi finali abbiano evidenziato un aumento, i dati sui rifiuti urbani hanno sorprendentemente registrato una diminuzione dell'1,8% rispetto all'anno precedente.

Se guardiamo a una prospettiva a lungo termine, fino al 2019 la produzione dei rifiuti urbani ha mostrato una crescita contenuta rispetto agli indicatori economici, con una leggera riduzione nel 2020 seguita da un modesto aumento nel 2021. Tuttavia, l'andamento dei rifiuti rispetto ai consumi delle famiglie ha presentato fluttuazioni nel corso degli anni, con variazioni significative nel rapporto tra i due indicatori.

Nel 2022, la produzione pro capite di rifiuti urbani si è attestata a 494 chilogrammi per abitante, registrando una diminuzione percentuale dell'1,6% rispetto all'anno precedente. Questo calo si è verificato nonostante un ulteriore lieve decremento della popolazione residente, confermando un trend di produzione inferiore ai 500 chilogrammi per abitante iniziato nel 2020, durante la crisi pandemica.

Analizzando la produzione di rifiuti urbani per macroaree geografiche, nel 2022 si è osservata una diminuzione in tutte le regioni, con il Nord che ha registrato la diminuzione percentuale più significativa (-2,2%), seguito dal Centro e dal Sud (-1,5% per entrambi). In termini assoluti, il Nord Italia continua a mantenere il primato come la regione con la produzione più elevata, seguito dal Centro e dal Sud.

Nonostante il Centro rimanga la zona con la produzione pro capite più alta, con 532 chilogrammi per abitante, si nota un calo rispetto all'anno precedente. Il Nord Italia registra una produzione pro capite media di 506 chilogrammi per abitante, mentre nel Sud si osserva un valore inferiore, pari a 454 chilogrammi per abitante. Questi dati offrono uno spaccato dettagliato della situazione dei rifiuti urbani nel 2022 e sottolineano l'importanza di monitorare attentamente l'interazione tra l'economia e la produzione di rifiuti per sviluppare politiche sostenibili nel settore.

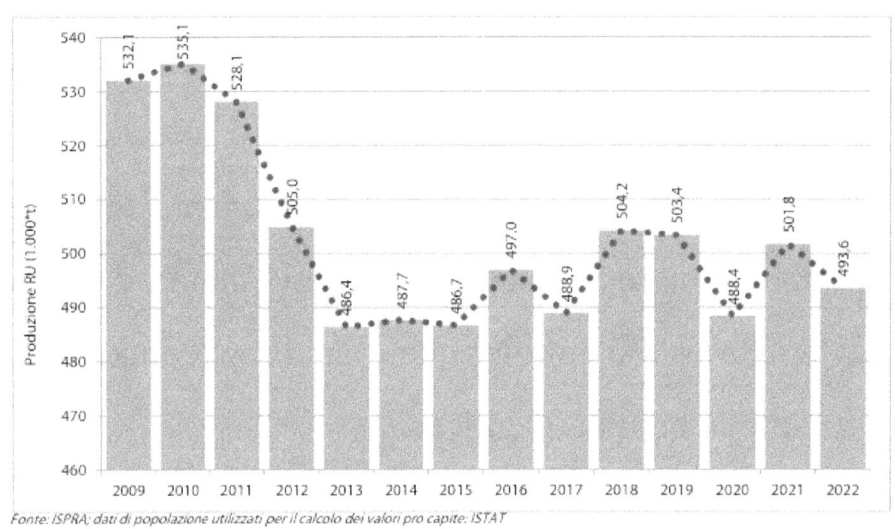

Fonte: ISPRA; dati di popolazione utilizzati per il calcolo dei valori pro capite: ISTAT

Figura 3: andamento della produzione pro capite dei rifiuti urbani, anni 2009-2022

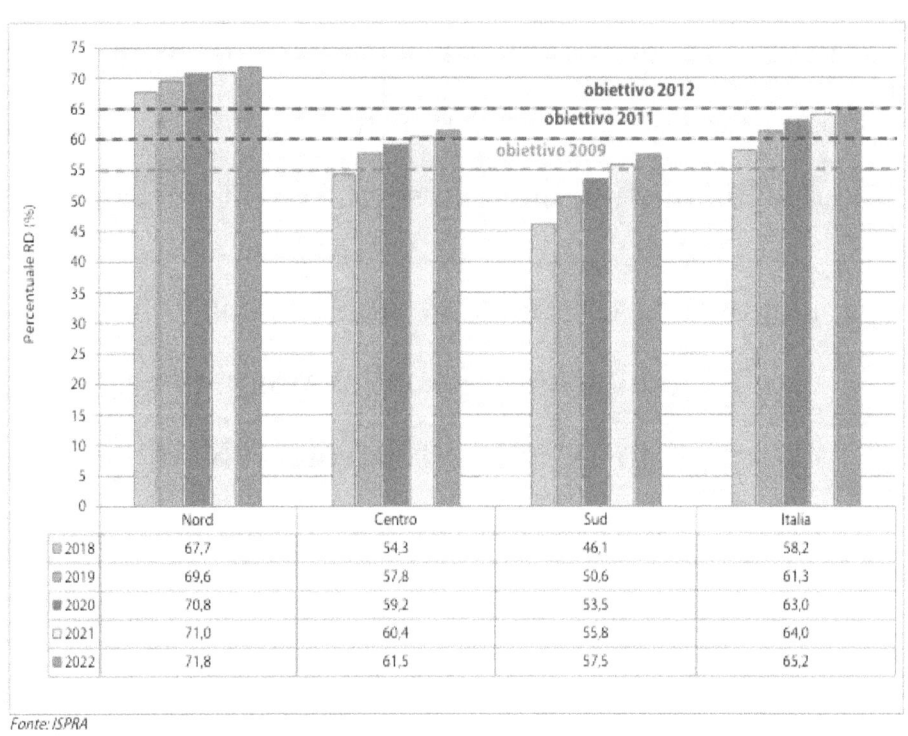

	Nord	Centro	Sud	Italia
2018	67,7	54,3	46,1	58,2
2019	69,6	57,8	50,6	61,3
2020	70,8	59,2	53,5	63,0
2021	71,0	60,4	55,8	64,0
2022	71,8	61,5	57,5	65,2

Fonte: ISPRA

Figura 4: andamento di percentuale della raccolta differenziata dei rifiuti urbani, anni 2018 – 2022

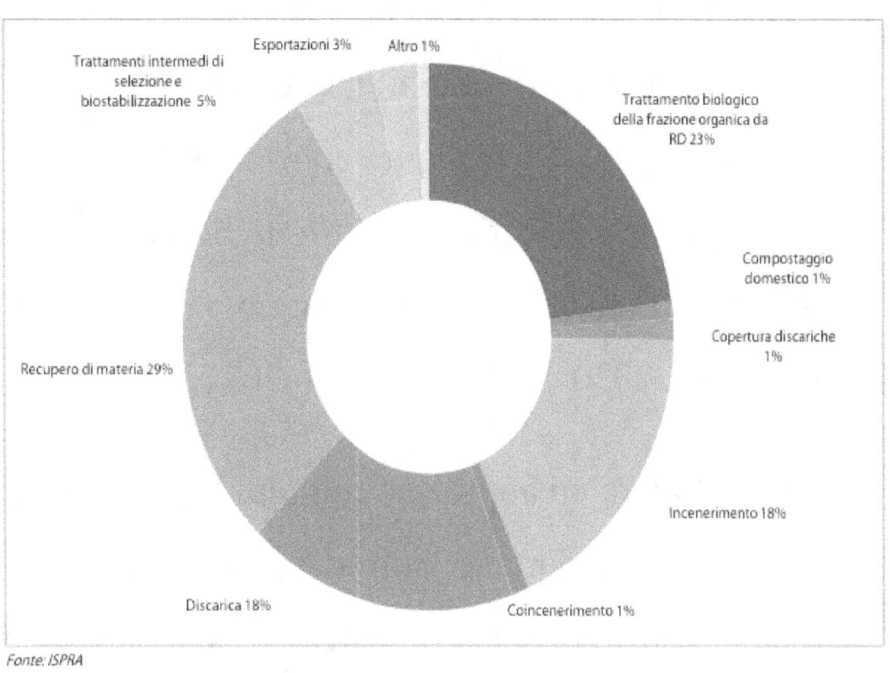

Figura 5: ripartizione Percentuale della gestione dei rifiuti urbani, anno 2022

Per concludere, è fondamentale analizzare più approfonditamente le diverse modalità di gestione dei rifiuti urbani e comprendere appieno le implicazioni che esse comportano per il raggiungimento degli obiettivi normativi europei in materia di sostenibilità ambientale.

Una parte significativa dei rifiuti urbani, dopo un adeguato trattamento, viene utilizzata per la ricopertura delle discariche, esportata, o gestita direttamente attraverso il compostaggio domestico. Tuttavia, è importante considerare anche i rifiuti che rimangono in giacenza presso gli impianti di trattamento o che non hanno una destinazione finale definita, inclusi nella voce "altro".

L'analisi dei dati sottolinea la necessità di un miglioramento accelerato del sistema di gestione dei rifiuti in diverse aree del Paese per adeguarsi agli obiettivi ambiziosi stabiliti dalla normativa europea. Ad esempio, entro il 2035, è richiesta una riduzione del 10% dei rifiuti smaltiti in discarica e un notevole aumento della percentuale di riciclaggio, che deve raggiungere il 60% entro il 2030 e il 65% entro il 2035.

È urgente adottare un approccio più rapido, considerando che i nuovi obiettivi comportano l'introduzione di metodologie di calcolo più restrittive per il riciclaggio e lo smaltimento in discarica. Questo implica non solo una maggiore efficienza nei processi di riciclaggio e recupero, ma anche una riduzione dei rifiuti prodotti e una migliore gestione delle risorse.

Inoltre, è importante considerare il ruolo dell'incenerimento dei rifiuti senza recupero di energia e il suo impatto sullo smaltimento complessivo dei rifiuti urbani. Attualmente, quasi il 18% dei rifiuti urbani prodotti in Italia viene ancora smaltito in discarica, mentre il 3,6% viene incenerito. Questi dati evidenziano la necessità di una transizione verso pratiche di gestione dei rifiuti più sostenibili e orientate alla riduzione dell'impatto ambientale.

Per affrontare queste sfide, sono necessari investimenti significativi nell'infrastruttura di gestione dei rifiuti, insieme all'adozione di politiche e pratiche più sostenibili a livello nazionale e locale. Solo attraverso un impegno concreto e coordinato sarà possibile garantire una transizione efficace verso un'economia circolare, riducendo al contempo l'inquinamento e preservando le risorse naturali per le generazioni future.

2.3 Gestione dei rifiuti urbani nei diversi Paesi

L'efficace implementazione di strategie e la gestione logistica dei rifiuti solidi urbani (MSW - Municipal Solid Waste Incinerators) costituiscono una delle priorità fondamentali per qualsiasi governo, considerando l'imperativo urgente di affrontare le sfide globali della gestione dei rifiuti. L'incenerimento, tra le tecniche di trattamento disponibili, si erge come una soluzione ampiamente adottata, grazie alla sua capacità di ridurre in modo significativo sia la massa dei rifiuti fino al 70%, sia il volume fino al 90%, oltre alla possibilità di recuperare energia dalla combustione dei rifiuti per produrre elettricità.

Tuttavia, il processo di incenerimento dei rifiuti solidi urbani (MSWI) non è privo di implicazioni ambientali, richiedendo una gestione oculata delle ceneri residue, suddivise principalmente in due categorie: le ceneri di fondo (Bottom Ashes - BA) e le ceneri volanti (Fly Ashes). Il destino di tali rifiuti può avvenire attraverso due vie distinte: **lo smaltimento**

in discarica o **il loro riutilizzo come materie prime secondarie**, contribuendo così a promuovere un'economia circolare.

Nei paesi industrializzati e socialmente avanzati, si osserva una crescente promozione di politiche ambientali orientate verso l'economia verde, focalizzate sul riciclo e il compostaggio, mentre scoraggiano l'uso delle discariche come soluzione finale. Per esempio, in Giappone, circa l'80% dei rifiuti MSW viene incenerito, e le ceneri residue vengono trattate attraverso varie tecniche come la **fusione**, la **stabilizzazione** e la **solidificazione con cemento**, nonché la **stabilizzazione chimica** e **l'estrazione dell'acido**, facilitando così il loro riutilizzo.

Tuttavia, in contesti come la Cina, l'80% dei rifiuti MSW finisce ancora in discarica, con poche iniziative di riciclo delle ceneri, evidenziando l'importanza di sviluppare e promuovere politiche di gestione dei rifiuti più sostenibili e innovative. Al contrario, in molti paesi dell'Unione Europea, come la Germania, i Paesi Bassi, la Danimarca, la Svezia, il Belgio e l'Austria, la pratica di smaltimento in discarica rappresenta meno del 10% delle soluzioni adottate, mentre in altri paesi rimane ancora la modalità principale di gestione, con percentuali superiori all'80%.

È rilevante notare che l'Italia si posiziona intorno al 28% di smaltimento in discarica, risultando quindi in una posizione più favorevole rispetto a molti paesi con una percentuale di smaltimento in discarica molto più elevata. Tuttavia, resta ancora spazio per miglioramenti e per l'adozione di pratiche più sostenibili e innovative nella gestione dei rifiuti solidi urbani.

Considerando le sfide globali connesse alla gestione dei rifiuti solidi urbani (MSW), l'Italia ha l'opportunità di trarre ispirazione e apprendimento dalle esperienze di altri paesi che hanno implementato approcci più sostenibili e innovativi. Investire in infrastrutture moderne per il trattamento dei rifiuti, promuovere il riciclo e il compostaggio, nonché adottare tecnologie e pratiche innovative potrebbero essere passi cruciali verso una gestione dei rifiuti più efficace e sostenibile, contribuendo alla transizione verso un'economia circolare e garantendo una maggiore tutela dell'ambiente.

Per migliorare ulteriormente la gestione dei rifiuti in Italia, è fondamentale adottare una serie di misure e strategie mirate che possano affrontare le sfide attuali e promuovere un approccio più sostenibile e innovativo.

Innanzitutto, è essenziale promuovere una cultura del riciclo e del compostaggio a tutti i livelli della società, attraverso campagne di sensibilizzazione e programmi educativi. Questo può includere l'istituzione di incentivi per le famiglie e le imprese che adottano pratiche di riciclo e compostaggio, così come la creazione di infrastrutture pubbliche per agevolare la raccolta differenziata dei rifiuti.

Inoltre, è importante investire in infrastrutture moderne e tecnologie innovative per il trattamento dei rifiuti, che consentano di massimizzare il recupero di risorse e ridurre al minimo l'impatto ambientale. Questo potrebbe includere l'implementazione di impianti di riciclaggio avanzati, l'espansione dei sistemi di compostaggio e l'adozione di impianti di incenerimento con tecniche di recupero dell'energia. Parallelamente, è cruciale sviluppare e attuare regolamentazioni più rigorose sulla gestione dei rifiuti, con sanzioni più severe per coloro che non rispettano le disposizioni ambientali. Questo può contribuire a scoraggiare comportamenti non sostenibili e incentivare l'adozione di pratiche più responsabili da parte delle aziende e dei cittadini.

Infine, è fondamentale promuovere la collaborazione tra il settore pubblico e privato, così come coinvolgere attivamente la società civile e le organizzazioni ambientaliste nella definizione e implementazione delle politiche di gestione dei rifiuti. Solo attraverso un impegno congiunto e una visione condivisa possiamo raggiungere gli obiettivi di una gestione dei rifiuti più efficiente, sostenibile e rispettosa dell'ambiente.

CAPITOLO III

3 Incenerimento

3.1 Impianti di incenerimento

Nel panorama della gestione dei rifiuti, gli inceneritori si ergono come strutture cruciali per il trattamento di scarti attraverso una tecnologia di combustione ad alta temperatura. Questo procedimento trasforma i rifiuti in una miscela di gas, cenere e polveri. Talvolta, il calore prodotto durante questo processo viene catturato e sfruttato per generare vapore, che a sua volta può alimentare turbine per la produzione di energia elettrica o servire come fonte di calore per riscaldare le abitazioni mediante il teleriscaldamento. Tali impianti, che integrano queste tecnologie di recupero energetico, sono noti come **"inceneritori di rifiuti con recupero energetico"**, o più comunemente, **"inceneritori"** o **"termovalorizzatori"**.

Attualmente, nell'Unione Europea, si contano circa 450 di questi impianti, di cui circa 400 sono termovalorizzatori. La loro distribuzione sul territorio europeo, tuttavia, non è omogenea. Paesi come la Francia, con i suoi 128 impianti, e la Germania, con 121 impianti, primeggiano con il maggior numero di strutture, superando di gran lunga l'Italia, che ne conta solamente 36. In Europa, gli impianti di incenerimento con recupero energetico sono noti come **"Waste-to-Energy"** o

"WtE" Plants, e la loro produttività viene valutata in termini di energia elettrica e termica generata.

Oltre a essere essenziali per la gestione dei rifiuti, le **Waste-to-Energy (WtE) Plants** rappresentano un'opportunità significativa per diversi paesi, compresa l'Italia, nell'affrontare le sfide legate alla gestione dei rifiuti e alla produzione di energia. Le **WtE Plants** non solo consentono lo smaltimento efficiente dei rifiuti, ma anche la generazione di energia rinnovabile e la riduzione della dipendenza da fonti energetiche non sostenibili.

In Italia, dove l'infrastruttura per lo smaltimento dei rifiuti è spesso sotto pressione a causa della densità di popolazione e della limitata disponibilità di siti di discarica, le **WtE Plants** potrebbero svolgere un ruolo cruciale nel bilanciare la domanda di gestione dei rifiuti e la necessità di ridurre le emissioni di gas serra. Integrando queste tecnologie nei sistemi esistenti di gestione dei rifiuti, l'Italia potrebbe ridurre la quantità di rifiuti destinati alle discariche e generare energia pulita e rinnovabile.

Un aspetto importante da considerare è la necessità di garantire che le WtE Plants rispettino rigorosi standard ambientali e di sicurezza. Questo include la gestione adeguata delle emissioni gassose e dei sottoprodotti come le ceneri, nonché la promozione di pratiche di riciclo e riduzione dei rifiuti a monte per ridurre la quantità di materiale destinato alla combustione.

Inoltre, l'adozione delle WtE Plants in Italia potrebbe essere accompagnata da iniziative di sensibilizzazione e coinvolgimento pubblico per educare la popolazione sui benefici ambientali e energetici di queste tecnologie, nonché sulle misure di sicurezza messe in atto per mitigare potenziali impatti negativi sulla salute e sull'ambiente.

Investimenti mirati e politiche incentrate sull'innovazione tecnologica potrebbero favorire lo sviluppo e l'implementazione di WtE Plants più efficienti ed ecocompatibili, consentendo all'Italia di avanzare verso una gestione dei rifiuti più sostenibile e una maggiore produzione di energia rinnovabile.

Va menzionato che l'introduzione e lo sviluppo delle Waste-to-Energy (WtE) Plants in Italia portano con sé una serie di implicazioni positive e negative, con un'enfasi particolare sull'aspetto dello sviluppo sostenibile e l'impatto ambientale.

Integrare le Waste-to-Energy (WtE) Plants nell'infrastruttura di gestione dei rifiuti dell'Italia rappresenta un'opportunità chiave per affrontare la crescente sfida della produzione e dello smaltimento dei rifiuti in modo sostenibile. Oltre alla gestione efficiente dei rifiuti, le WtE Plants possono svolgere un ruolo cruciale nella sicurezza energetica del paese, riducendo la dipendenza da fonti energetiche non rinnovabili e contribuendo alla diversificazione del mix energetico. Questo è particolarmente rilevante considerando la crescente pressione per ridurre le emissioni di gas serra e mitigare i cambiamenti climatici. Inoltre, le WtE Plants (termovalorizzatori) offrono opportunità occupazionali nell'ambito della gestione dei rifiuti e dell'industria energetica, favorendo lo sviluppo economico locale e la creazione di posti di lavoro qualificati.

D'altro canto, esistono preoccupazioni legate all'impatto ambientale dei termovalorizzatori, in particolare riguardo alle emissioni inquinanti e alla gestione dei sottoprodotti come le ceneri. Le emissioni atmosferiche devono essere attentamente monitorate e controllate per garantire che rispettino gli standard ambientali più rigorosi e non compromettano la qualità dell'aria e la salute pubblica. Inoltre, la corretta gestione delle ceneri e dei residui è essenziale per evitare potenziali rischi per l'ambiente e la salute umana, richiedendo investimenti significativi in tecnologie di trattamento e smaltimento sicuro.

Per massimizzare i benefici dei termovalorizzatori e mitigare gli impatti negativi, è necessario adottare un approccio olistico che promuova la riduzione dei rifiuti alla fonte, il riciclo e il recupero dei materiali, insieme alla combustione controllata dei rifiuti. Inoltre, è fondamentale coinvolgere attivamente le comunità locali e le parti interessate nel processo decisionale e nella sorveglianza delle attività dei termovalorizzatori garantendo la trasparenza e il coinvolgimento pubblico.

Se gestite con attenzione e responsabilità, i termovalorizzatori possono rappresentare un elemento chiave di una strategia integrata per la gestione sostenibile dei rifiuti e la transizione verso un'economia circolare in Italia. Tuttavia, è essenziale affrontare le sfide ambientali e di sicurezza in modo proattivo, adottando misure efficaci di controllo e monitoraggio e impegnandosi per il coinvolgimento e la prosperità delle comunità locali.

Nelle tabelle seguenti (Fonte **ISPRA 3.4.1 e 3.4.2**), verrà presentato il numero di inceneritori per regioni italiane, suddiviso per macroaree, al fine di esaminare le analogie e le differenze tra di esse. Pertanto:

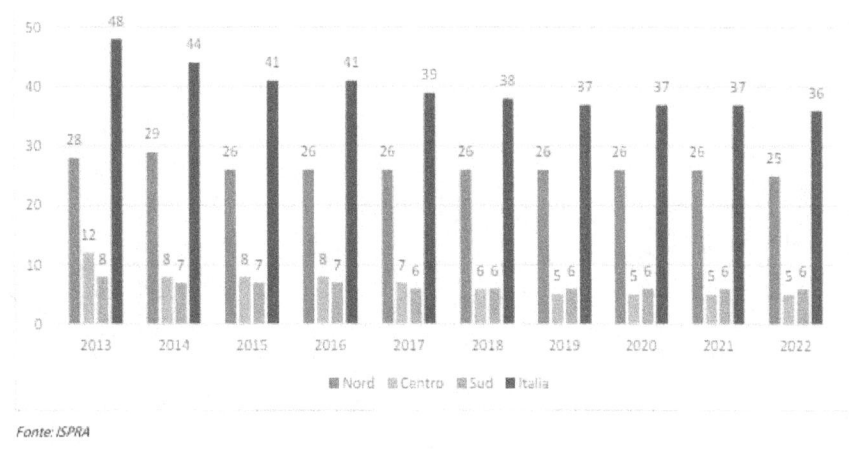

Fonte: ISPRA

Figura 6: numero di impianti di incenerimento che trattano rifiuti urbani, anni 2013 – 2022

Macroarea	n. impianti					Quantità totale incenerita (t/a)				
	2018	2019	2020	2021	2022	2018	2019	2020	2021	2022
Nord	26	26	26	26	25	4.655.553	4.596.644	4.602.984	4.472.376	4.462.489
Centro	6	5	5	5	5	586.003	571.058	537.478	527.104	504.991
Sud	6	6	6	6	6	1.087.372	1.129.744	1.102.046	1.066.700	1.051.140
Italia	**38**	**37**	**37**	**37**	**36**	**6.328.929**	**6.297.446**	**6.242.509**	**6.066.180**	**6.018.620**

Fonte: ISPRA

Tabella 1: numero di impianti di incenerimento e quantità di rifiuti totali inceneriti per macroarea geografica, anni 2018-2022

Macroarea	N. impianti					Quantità RU incenerita (t/a)				
	2018	2019	2020	2021	2022	2018	2019	2020	2021	2022
Nord	26	26	26	26	25	3.946.880	3.905.723	3.739.077	3.869.124	3.789.562
Centro	6	5	5	5	5	584.745	566.711	532.399	526.804	503.813
Sud	6	6	6	6	6	1.039.848	1.049.216	1.053.166	1.013.556	1.013.803
Italia	**38**	**37**	**37**	**37**	**36**	**5.571.472**	**5.521.650**	**5.324.641**	**5.409.484**	**5.307.178**

Fonte: ISPRA

Tabella 2: numero di impianti di incenerimento e rifiuti urbani per macroarea geografica, anni 2018-2022

Conformemente alle stime fornite **dall'Istituto Superiore per la Protezione e la Ricerca Ambientale (ISPRA)**, nel corso del 2022, sul territorio nazionale italiano sono attivi complessivamente **36 impianti** dedicati all'incenerimento dei rifiuti, i quali si occupano sia del trattamento dei rifiuti urbani che di quelli derivanti dai processi di lavorazione, quali **i rifiuti combustibili (CSS)**, **la frazione secca (FS)** e il **bio-essiccato (BS)**. Tale dato riflette una tendenza al ribasso rispetto al periodo precedente, con una riduzione di un'unità, causata dalla chiusura dell'impianto di Sesto San Giovanni (MI) nel marzo 2021.

Un'analisi più approfondita mostra una costante diminuzione nel numero di impianti negli anni trascorsi, passando **da 48 nel 2013 a 36 nel 2022**, con la maggior parte delle chiusure concentrate soprattutto nell'Italia centrale. Tuttavia, nonostante questa riduzione del numero di strutture, la quantità totale di rifiuti inceneriti è rimasta sostanzialmente stabile, poiché gli impianti hanno operato a una capacità quasi massimale di trattamento termico.

La maggior concentrazione di impianti si riscontra nelle regioni settentrionali dell'Italia, con la Lombardia ed l'Emilia-Romagna che ospitano rispettivamente **12 e 7 impianti attivi**

nel 2022. Questi impianti hanno complessivamente trattato circa **2,8 milioni di tonnellate di rifiuti urbani** nel corso dell'anno, rappresentando una quota significativa del totale incenerito sia a livello regionale che nazionale.

Complessivamente, **nel 2022 sono stati inceneriti circa 5,3 milioni di tonnellate di rifiuti urbani**, CSS, frazione secca e bio-essiccato, registrando **una diminuzione dell'1,9%** rispetto all'anno precedente e **del 4,7% rispetto al 2018**. La maggior parte di questi rifiuti viene trattata nell'Italia settentrionale, seguita dal Centro e dal Sud. Un particolare rilievo va all'impianto di Acerra (NA), che gestisce oltre **il 70% dei rifiuti inceneriti nel Mezzogiorno**.

Delle 5,3 milioni di tonnellate incenerite, circa la metà è costituita da rifiuti urbani non differenziati, trattati principalmente in Lombardia, Emilia-Romagna e Piemonte. Inoltre, negli stessi impianti, vengono inceneriti anche rifiuti speciali, di cui una parte considerevole è di origine sanitaria, evidenziando la complessità e la diversità del flusso di rifiuti trattato in questi impianti.

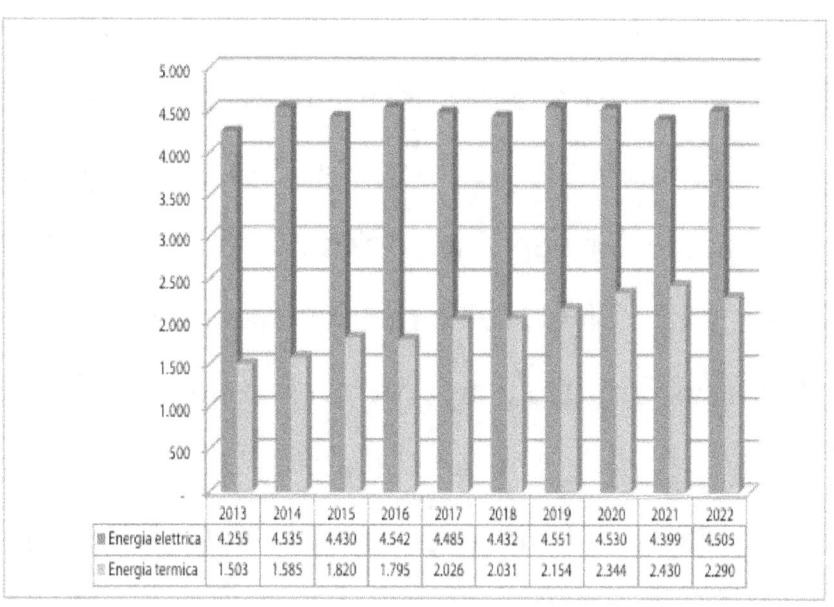

	2013	2014	2015	2016	2017	2018	2019	2020	2021	2022
■ Energia elettrica	4.255	4.535	4.430	4.542	4.485	4.432	4.551	4.530	4.399	4.505
■ Energia termica	1.503	1.585	1.820	1.795	2.026	2.031	2.154	2.344	2.430	2.290

Fonte: ISPRA

Figura 7: recupero energetico impianti di incenerimento (MWh*10^3), anni 2013 - 2022

Nel biennio 2021-2022, si è registrata un'inversione di tendenza nella gestione dei rifiuti urbani inceneriti in Italia, con una **diminuzione complessiva di 102 mila tonnellate,** principalmente derivante dai rifiuti urbani trattati. A livello regionale, tale variazione ha mostrato scenari diversificati: sono state osservate riduzioni significative in regioni chiave come Lombardia (-3,2%), Emilia-Romagna (-3,7%), Lazio (-5,8%), Calabria (-28,1%), Friuli-Venezia Giulia (-6,3%), Puglia (-8,9%), Toscana (-2,3%), Veneto (-1,3%), e Molise (-1%), mentre sono stati registrati incrementi in Piemonte (+4,2%), Sardegna (+31,2%), Campania (+0,9%), Trentino-Alto Adige (+6,5%), e Basilicata.

Per quanto riguarda il recupero energetico elettrico e termico, tutti gli impianti inceneritori nazionali sono stati coinvolti, con 22 di essi che hanno gestito circa 2,8 milioni di tonnellate di rifiuti, garantendo un recupero di quasi 2,2 milioni di MWh di energia elettrica. Quattordici di questi impianti sono stati dotati di cicli cogenerativi, incenerendo oltre 3,2 milioni di tonnellate di rifiuti e recuperando sia energia termica che elettrica.

Analizzando il decennio **2013-2022**, si è riscontrato un graduale incremento nel recupero di energia dagli impianti di incenerimento, con una produzione di energia elettrica passata da circa 4,2 milioni di MWh nel 2012 a 4,5 milioni di MWh nel 2022. L'energia termica, generata esclusivamente dagli impianti del Nord Italia, è aumentata da 1,5 milioni di MWh nel 2013 a circa 2,3 milioni di MWh nel 2022.

Gli impianti di incenerimento, sebbene offrano vantaggi come il recupero energetico e la riduzione del volume dei rifiuti destinati alle discariche, presentano anche svantaggi significativi. Tra gli aspetti positivi, si annovera il recupero di energia, che contribuisce alla produzione di elettricità e calore, riducendo la dipendenza da fonti energetiche non rinnovabili. Tuttavia, l'incenerimento dei rifiuti può generare emissioni inquinanti e la produzione di ceneri residue, richiedendo un'adeguata gestione per evitare impatti ambientali negativi.

Inoltre, potrebbe disincentivare pratiche più sostenibili come il riciclo e il compostaggio. Per rendere il processo di incenerimento più sostenibile ed efficiente, è necessario adottare un approccio olistico, oltre che puramente scientifico-ingengeristico. Questo include la promozione della riduzione dei rifiuti alla fonte attraverso programmi di sensibilizzazione, il miglioramento delle tecnologie di incenerimento per una combustione più pulita, l'implementazione di sistemi di filtraggio avanzati per trattare le emissioni gassose, e la gestione responsabile delle ceneri e dei sottoprodotti. Inoltre, è importante incentivare il riciclo e il compostaggio come alternative più sostenibili, e monitorare e regolamentare rigorosamente per garantire il rispetto degli standard ambientali e la tutela della salute pubblica. Approcciando la gestione dei rifiuti in modo integrato e sostenibile, è possibile massimizzare i benefici dell'incenerimento riducendo al contempo gli impatti negativi sull'ambiente e sulla salute pubblica.

Infine, merita menzione l'efficiente impianto di termovalorizzazione sito in Campania, ad Acerra. Questa struttura, progettata per valorizzare l'energia contenuta nei rifiuti non pericolosi, è stata costruita con tecnologie all'avanguardia per garantire la massima tutela ambientale, in piena conformità con le direttive europee e le normative ambientali nazionali. L'impianto, composto da tre linee di termovalorizzazione indipendenti, gestisce varie fasi del processo, tra cui l'accettazione e lo stoccaggio dei rifiuti, la combustione per la produzione di energia elettrica, nonché il trattamento delle ceneri e dei gas di combustione. Prima dell'emissione nell'atmosfera, i gas di combustione vengono sottoposti a un rigido processo di depurazione, garantendo un impatto ambientale minimale attraverso tre camini di adeguata altezza.

Tuttavia, a tale menzione positiva, va evidenziato come l'approccio allo sviluppo sostenibile implichi anche il riconoscimento di aspetti negativi e grossolani errori nella pianificazione di tale impianto. Gli aspetti negativi dell'impianto di termovalorizzazione di Acerra includono preoccupazioni ambientali e di salute pubblica sollevate dalla popolazione locale. Le principali critiche riguardano l'inquinamento atmosferico e la potenziale contaminazione del suolo e delle risorse idriche circostanti. Le emissioni provenienti dall'incenerimento dei rifiuti, se non adeguatamente controllate, possono contenere sostanze nocive come diossine, furani e metalli pesanti, che rappresentano un rischio per la salute umana e l'ecosistema. Inoltre, l'impianto genera, durante il suo esercizio, odori sgradevoli e disturbi alla qualità dell'aria, influenzando negativamente la qualità della vita dei residenti nelle vicinanze, delle attività sociali ed agricole. Questi fattori hanno contribuito a suscitare preoccupazioni tra la popolazione locale e a generare proteste contro l'operatività dell'impianto. Queste ultime sono state innescate da una serie di errori e controversie legate alla pianificazione, alla comunicazione e alla gestione dell'impianto di termovalorizzazione.

Dalle problematiche sociali a quelle di pianificazione, l'Impianto di Termovalorizzazione di Acerra, nelle sue note positive, si trascina molti aspetti negativi che ne influenzano sia l'efficacia che la sua efficienza. Tra i più evidenti si possono elencare la mancanza di coinvolgimento e consultazione della comunità locale. Di fatto, la popolazione di Acerra e delle aree circostanti non è stata adeguatamente coinvolta nel processo decisionale riguardante la costruzione e l'operatività dell'impianto. Tale mancanza di trasparenza e di comunicazione ha generato sfiducia e frustrazione tra i residenti, che quotidianamente vivono disagi sociali dovuti all'esercizio dell'impianto. A tale mancanza si collegano gli evidenti problemi di pianificazione ed ubicazione dell'impianto. La scelta del sito per l'impianto non è stata adeguatamente valutata in termini di impatto ambientale e sociale, e la presenza del termovalorizzatore in prossimità di aree residenziali comporta rischi per la salute pubblica che in fase di progettazione non sono stati adeguatamente affrontati e valutati in modo esaustivo dalle autorità competenti, aumentando l'ansia e la disapprovazione della comunità locale.

Le proteste contro l'impianto di termovalorizzazione di Acerra sono state alimentate da una serie di errori nella pianificazione, nella gestione e nella comunicazione, nonché da preoccupazioni legate alla salute pubblica e all'ambiente. Affrontare queste criticità richiede un maggiore coinvolgimento della comunità locale, una valutazione accurata degli impatti ambientali e un impegno per garantire la trasparenza e la sicurezza delle operazioni dell'impianto. Ciò ovviamente non toglie nulla alla sua efficienza, ma il suo utilizzo e la sua ubicazione vanno in netto contrasto con i principi di sviluppo sostenibile, di benessere comunitario ed il raggiungimento di una società eco-sostenibile.

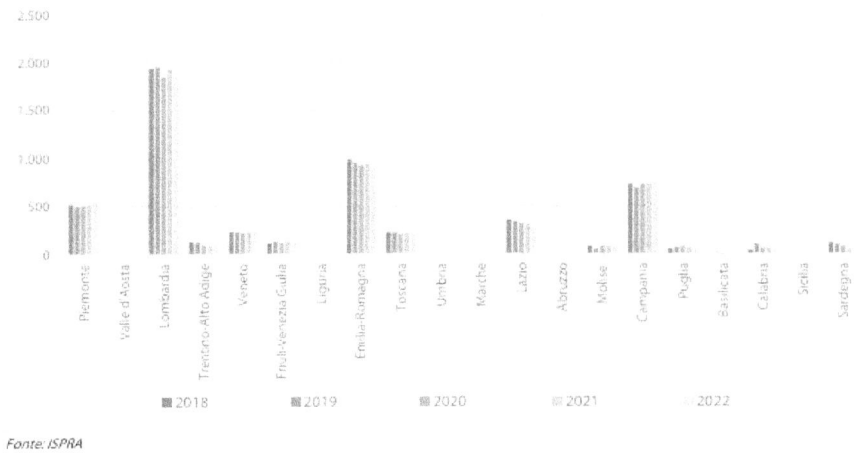

Figura 8: andamento regionale dell'incenerimento di rifiuti urbani (t*10^3), anni 2018-2022

3.2 Processi di incenerimento MSW

L'incenerimento è un processo complesso di smaltimento dei rifiuti che implica l'ossidazione completa della parte combustibile dei materiali. Questo processo non solo elimina i rifiuti, ma produce anche calore che può essere recuperato e utilizzato per produrre sia energia elettrica che termica, rendendolo un metodo di gestione dei rifiuti potenzialmente sostenibile. Il processo di incenerimento è suddiviso in diverse fasi, ognuna delle quali svolge un ruolo importante nel garantire un'efficace gestione dei rifiuti e nel minimizzare gli impatti ambientali. Le tre fasi principali includono l'incenerimento stesso, il recupero energetico e il controllo dell'inquinamento atmosferico.

L'incenerimento avviene all'interno di apposite camere di combustione negli impianti noti come "termovalorizzatori", progettati appositamente per questa funzione. Durante questa fase, i rifiuti solidi urbani (MSW) vengono bruciati ad alte temperature, trasformandoli in gas, ceneri e calore. Questo calore viene quindi utilizzato per generare vapore, che a sua volta aziona turbine per la produzione di energia elettrica o viene impiegato per applicazioni di teleriscaldamento.

Successivamente, il recupero energetico si occupa di catturare e utilizzare il calore prodotto durante l'incenerimento. Le tecnologie di recupero termico consentono di massimizzare l'efficienza energetica dell'intero processo, consentendo di sfruttare al massimo il potenziale energetico dei rifiuti inceneriti.

Infine, il controllo dell'inquinamento atmosferico è un aspetto cruciale per garantire che le emissioni generate durante l'incenerimento siano trattate e ridotte ai minimi termini. Sistemi di filtraggio avanzati e processi di depurazione dei gas assicurano che le emissioni in atmosfera siano conformi agli standard ambientali e non rappresentino un rischio per la salute umana e l'ambiente circostante.

Questo processo altamente tecnologico e rigorosamente controllato consente di gestire in modo efficiente una vasta gamma di rifiuti, riducendo al contempo la dipendenza da fonti energetiche non rinnovabili e contribuendo alla riduzione complessiva dei rifiuti destinati alle discariche. La sua efficacia dipende anche da un'adeguata pianificazione, gestione e monitoraggio per garantire che sia implementato in modo responsabile e sostenibile.

Di seguito è riportato uno schema che illustra il processo di incenerimento dei rifiuti solidi urbani (MSW):

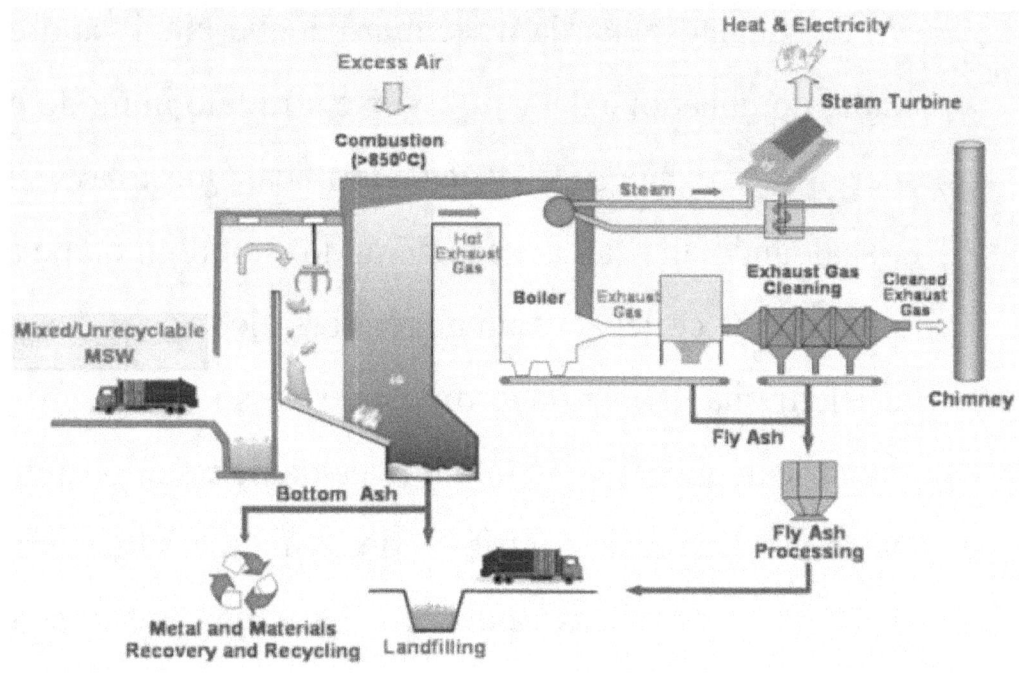

Figura 9: comune processo di incenerimento per rifiuti urbani

Il processo di incenerimento dei rifiuti solidi urbani (MSW) è un procedimento continuo e controllato, nel quale i rifiuti vengono alimentati in modo costante all'interno del forno dell'impianto. Affinché la combustione avvenga in modo efficace e sicuro, è necessario mantenere la temperatura di incenerimento ad almeno 850 °C e garantire che i rifiuti rimangano nel forno per almeno due secondi. Durante questo processo, è essenziale fornire una quantità adeguata di aria per favorire una completa combustione dei rifiuti e prevenire la formazione di sostanze inquinanti, come le diossine e il monossido di carbonio, che potrebbero avere gravi conseguenze sull'ambiente e sulla salute pubblica.

Per quanto riguarda il recupero di energia, il calore generato dalla combustione dei rifiuti viene sfruttato in modo efficiente per produrre energia elettrica e termica. Questo avviene riscaldando una caldaia e generando vapore, il quale alimenta una turbina collegata a un generatore elettrico per la produzione di elettricità. L'energia termica in eccesso può essere utilizzata in varie applicazioni, come il riscaldamento di piscine o altre necessità termiche, contribuendo così a massimizzare l'efficienza complessiva del processo di incenerimento.

Il controllo dell'inquinamento atmosferico rappresenta una priorità assoluta nei moderni impianti di incenerimento. Per garantire il rispetto degli standard ambientali e la riduzione delle emissioni inquinanti, tali impianti sono dotati di sistemi avanzati di controllo dell'inquinamento progettati per catturare e trattare le sostanze dannose prodotte durante la combustione dei rifiuti. Questi sistemi consentono di minimizzare l'impatto ambientale dell'incenerimento e di proteggere la salute pubblica dalle potenziali conseguenze negative delle emissioni in atmosfera.

Per una migliore comprensione di questo processo, puoi fare riferimento allo schema indicizzato nella figura seguente:

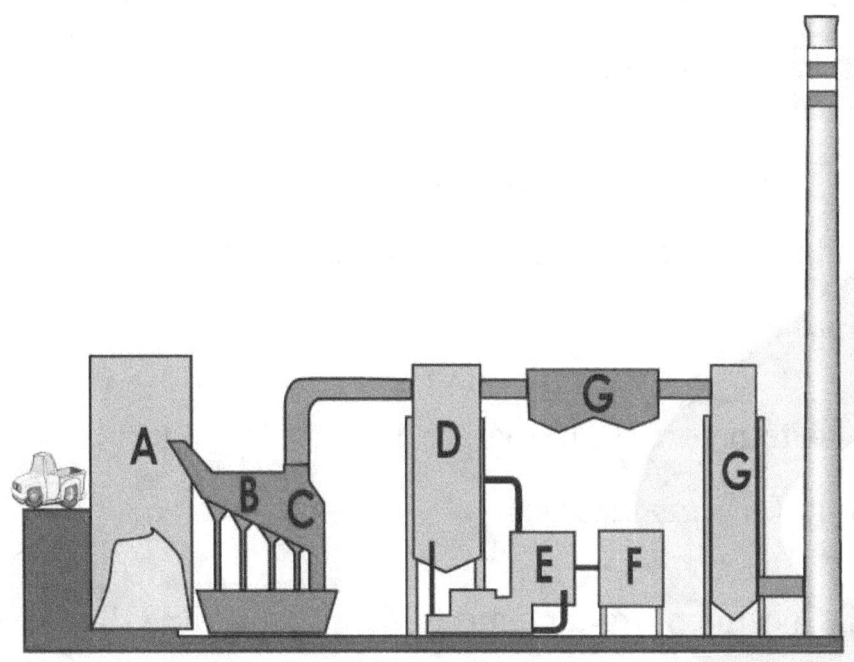

Figura 10: schema esemplificativo indicizzato processo incenerimento per Rifiuti Urbani

A. Fossa di accumulo: tenuta leggermente in depressione al fine di evitare la fuoriuscita di cattivi odori.

B. Forno di incenerimento.

C. Scarico ceneri: i residui del processo di combustione vengono estratti dal forno ed inviati in discarica.

D. Caldaia: i fumi prodotti hanno una temperatura elevata(1000-1100 °C) e cedono la loro energia termica all'acqua contenuta nei fasci tubieri della caldaia a recupero, producendo vapore in pressione. Il vapore ottenuto può essere utilizzato per la produzione di energia elettrica/termica o nelle forme combinate(cogenerazione).

E. Turbina a vapore: il vapore ottenuto viene fatto espandere in turbina che azionando il rotore mette in funzione l'alternatore.

F. Alternatore: l'alternatore azionato dalla turbina a vapore produce energia elettrica.

G. Sistema di trattamento fumi: i fumi prima di essere immessi nell'atmosfera, devono subire una serie di processi depurativi.

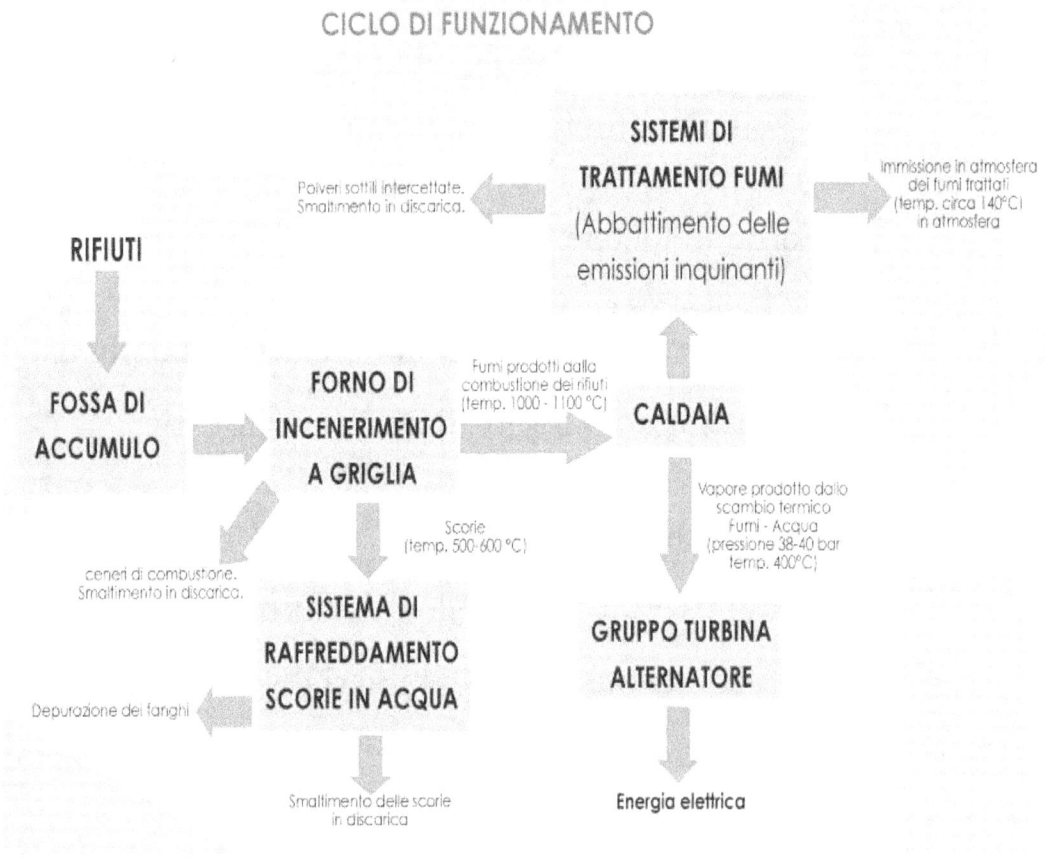

CICLO DI FUNZIONAMENTO

Figura 11: ciclo di funzionamento dell'impianto di incenerimento dei Rifiuti
Urbani

In conclusione, nel valutare la costruzione di un impianto di
incenerimento dei rifiuti solidi urbani, è cruciale considerare
attentamente sia i vantaggi che gli svantaggi associati a questo
processo.

Tra i vantaggi, spicca la significativa riduzione dei rifiuti in
termini di massa e volume. L'incenerimento offre inoltre la
possibilità di recuperare energia attraverso la produzione di
elettricità e/o calore, contribuendo così alla diversificazione
delle fonti energetiche e alla riduzione della dipendenza da
combustibili fossili.

Tuttavia, è importante considerare anche gli svantaggi. Gli
alti costi di costruzione e manutenzione degli impianti di
incenerimento possono rappresentare una sfida economica
significativa. Inoltre, l'accumulo delle ceneri residue dalla
combustione richiede lo spazio di una discarica dedicata,
aumentando i costi e potenzialmente creando problemi di
gestione dei rifiuti.

Un altro svantaggio critico è il rischio di inquinamento
atmosferico derivante dalle emissioni di sostanze inquinanti
durante il processo di incenerimento. Queste emissioni devono

essere attentamente monitorate e trattate per ridurre al minimo l'impatto sull'ambiente e sulla salute umana.

L'incenerimento produce ceneri come sottoprodotto, che possono essere classificate in ceneri pesanti e ceneri leggere. Le ceneri pesanti, che costituiscono una parte significativa del materiale incenerito, contengono il residuo incombustibile dei rifiuti trattati e richiedono una gestione adeguata per evitare la dispersione di contaminanti nell'ambiente. D'altra parte, le ceneri leggere, sebbene trattate per ridurre la loro impatto ambientale, possono ancora contenere contaminanti come metalli pesanti e cloruri, richiedendo un'attenta gestione e smaltimento.

In definitiva, mentre l'incenerimento offre una soluzione efficace per la gestione dei rifiuti, è fondamentale bilanciare attentamente i suoi vantaggi con i suoi svantaggi e adottare misure appropriate per mitigare i potenziali impatti negativi sull'ambiente e sulla salute pubblica.

Figura 12: ceneri di fondo (bottom ash)

3.3 Metodi di caratterizzazione delle ceneri

Le proprietà delle ceneri residue derivanti dal processo di incenerimento possono essere suddivise in due categorie principali: proprietà fisiche e proprietà chimiche. Queste caratteristiche giocano un ruolo fondamentale nella valutazione dell'impatto ambientale e nella determinazione delle migliori pratiche per l'utilizzo e la gestione delle ceneri.

Le proprietà fisiche delle ceneri includono la loro densità, porosità, granulometria e forma delle particelle. Questi fattori influenzano direttamente la gestione e lo smaltimento delle ceneri, poiché determinano la loro stabilità, capacità di trasporto e possibilità di dispersione nell'ambiente circostante. Ad esempio, le ceneri con una granulometria più fine possono essere più suscettibili alla dispersione e al trasporto attraverso il vento o l'acqua, mentre ceneri più dense possono richiedere un trattamento speciale per il loro smaltimento.

Le proprietà chimiche delle ceneri riguardano la composizione chimica dei loro componenti, inclusi metalli pesanti, sostanze inquinanti e altri contaminanti. È essenziale valutare attentamente queste proprietà per comprendere il potenziale impatto ambientale delle ceneri e determinare le migliori pratiche per il loro utilizzo o smaltimento. Ad esempio, la presenza di metalli pesanti può renderle tossiche per l'ambiente e la salute umana se non gestite correttamente, mentre la concentrazione di nutrienti come il fosforo e il potassio può renderle utili come fertilizzante in agricoltura.

Comprensione e valutazione accurata di queste proprietà sono fondamentali per sviluppare strategie efficaci per la gestione delle ceneri residue dal processo di incenerimento, garantendo al contempo la protezione dell'ambiente e della salute pubblica.

Proprietà Fisiche:

Distribuzione delle dimensioni delle particelle: Questa caratteristica riguarda la gamma di dimensioni delle particelle presenti nelle ceneri, che può variare notevolmente e influenzare le applicazioni potenziali delle ceneri. Una distribuzione delle dimensioni delle particelle più uniforme può rendere le ceneri più adatte per determinati utilizzi, come il riempimento di materiali o la produzione di materiali da costruzione.

Contenuto di umidità: Il contenuto di umidità nelle ceneri può variare e deve essere considerato in quanto può influenzare la gestione e l'utilizzo delle ceneri. Un'elevata percentuale di umidità può rendere le ceneri più difficili da maneggiare e può influire sulla loro stabilità e resistenza.

Densità di massa: La densità delle ceneri è un parametro importante che determina il peso delle ceneri per unità di volume. Una densità maggiore può indicare una maggiore compattazione delle particelle e può influenzare la loro capacità di supportare carichi o di essere utilizzate come materiale di riempimento.

Resistenza alla compressione: La capacità delle ceneri di resistere alla compressione è un aspetto chiave quando si considera la loro utilità in applicazioni specifiche, come il riempimento di scavi o la costruzione di strutture. Una resistenza alla compressione maggiore può indicare una maggiore stabilità e durata nel tempo delle ceneri.

Permeabilità: La permeabilità delle ceneri influisce sulla capacità di assorbire o rilasciare liquidi o gas. Questo è un aspetto importante nella valutazione delle ceneri per l'uso in applicazioni come il riempimento stradale o la costruzione di drenaggi, dove la capacità delle ceneri di consentire il passaggio di liquidi o gas può essere essenziale per il loro successo nell'applicazione.

Proprietà Chimiche:

Composizione chimica: La composizione chimica delle ceneri è cruciale e può variare notevolmente. Questa comprende la presenza di elementi chimici e composti che possono influenzare l'idoneità delle ceneri per determinate applicazioni. Ad esempio, la presenza di silice, alluminio, calcio e ferro può determinare le proprietà delle ceneri e la loro utilità in settori come l'edilizia o l'agricoltura.

Perdita di accensione: Questo parametro indica la quantità di materiale organico rimasto nelle ceneri dopo l'incenerimento e può influenzare il loro utilizzo. Una bassa perdita di accensione può indicare una maggiore efficacia del processo di combustione e una ridotta presenza di contaminanti organici nelle ceneri.

Metalli pesanti: La presenza di metalli pesanti nelle ceneri è un aspetto critico in quanto può avere implicazioni ambientali e sanitarie. I metalli pesanti come il piombo, il cadmio e il mercurio possono essere tossici per l'ambiente e la salute umana se presenti in concentrazioni elevate nelle ceneri, richiedendo quindi precauzioni specifiche nella gestione e nell'utilizzo delle stesse.

Componenti organici: La quantità e la natura dei componenti organici nelle ceneri sono importanti per determinare se le ceneri possono essere utilizzate in applicazioni agricole o di riabilitazione di terreni. Ad esempio, la presenza di sostanze organiche può influenzare la fertilità del suolo e il suo potenziale impatto ambientale, richiedendo valutazioni specifiche prima di utilizzare le ceneri in tali contesti.

Contenuto di cloruro: Il contenuto di cloruro nelle ceneri è un aspetto rilevante, poiché un'elevata concentrazione di cloruro può comportare problemi di corrosione e inquinamento ambientale. I cloruri possono influenzare la corrosione di strutture metalliche e possono essere dannosi per gli ecosistemi acquatici se rilasciati nell'ambiente; pertanto, è importante monitorare attentamente il contenuto di cloruro nelle ceneri e adottare misure appropriate per gestirle in modo sicuro ed efficace.

La conoscenza approfondita di queste proprietà fisiche e chimiche delle ceneri è fondamentale per determinare il modo migliore per utilizzare e gestire in modo sostenibile queste risorse residue dalla combustione dei rifiuti solidi urbani. Tale approccio consente di massimizzare i benefici delle ceneri mentre si minimizzano i potenziali impatti negativi sull'ambiente e sulla salute umana.

3.4 Caratterizzazione delle ceneri di incenerimento

La caratterizzazione chimica e fisica delle ceneri residue dall'incenerimento dipende da diversi fattori, tra cui la composizione originale dei rifiuti solidi urbani (MSW), le condizioni operative dell'inceneritore, il tipo di impianto e il sistema di controllo dell'inquinamento dell'aria. In passato, si riteneva che i rifiuti trattati da un moderno inceneritore, con temperature superiori a 900°C, lasciassero solo ceneri inerti, prive di problemi ambientali e sanitari. Tuttavia, questa convinzione è stata confutata da numerosi studi condotti negli anni Novanta.

In particolare, alcuni di questi studi hanno dimostrato che le ceneri pesanti e leggere, durante lo stoccaggio in discarica, possono sviluppare calore a causa di reazioni esotermiche, portando la temperatura delle ceneri a salire fino a 90°C all'interno della discarica. Questa elevata temperatura in una discarica controllata può avere impatti indiretti sulla salute pubblica, poiché sopra i 40°C non è possibile garantire che i prodotti ceduti alla discarica non si riversino nei terreni circostanti.

La composizione chimica delle ceneri mostra che gli elementi principali presenti sono silicio (Si), alluminio (Al), ferro (Fe), magnesio (Mg), calcio (Ca), potassio (K), sodio (Na) e cloro (Cl). Gli ossidi più comuni presenti nelle ceneri includono ossido di silicio (SiO2), ossido di alluminio (Al2O3), ossido di calcio (CaO), ossido ferrico (Fe2O3), ossido di sodio (Na2O) e ossido di potassio (K2O). Il SiO2 è il composto più abbondante nelle ceneri di incenerimento dei rifiuti solidi urbani (MSWI), costituendo fino al 49% della loro composizione. Di seguito sono riportate le tabelle che mostrano la composizione percentuale di ossidi presenti nella cenere di fondo e nella cenere volante.

Authors	[29]	[30]	[31]	[32]	[24]	[25]	[27]
Type	BA (150–200 mesh)	MSWI ash	MSWI ash	MSWI ash	BA	BA	BA
SiO_2	27.8	29.4	12.01	5.44	13.44	46.7	49.38
Al_2O_3	9.9	18	8.1	3.1	1.26	6.86	6.58
CaO	25.9	27.2	13.86	42.55	50.39	26.3	14.68
Fe_2O_3	4	13.3	1.21	1.69	8.84	4.69	8.38
MgO	3.3	1.6	2.62	1.83	2.26	2.22	2.32
K_2O	1.8	0.9	7.41	4.31	1.78	0.888	1.41
Na_2O	3.3	3.6	17.19	4.82	12.66	4.62	7.78
SO_3	N/A	N/A	N/A	12.73	0.5	2.18	0.57
P_2O_5	6.9	N/A	N/A	1.62	N/A	0.855	N/A
TiO_2	2	N/A	N/A	0.92	2.36	0.77	N/A

Tabella 3: composizione di ossido nella cenere di fondo (%)

Authors	[21]	[22]	[23]	[24]	[25]	[26]	[27]	[28]
Type	FA	FA	FA	FA	FA	FA	FA	FA
SiO_2	18.8	11.47	19.4	13.6	18.5	20.5	6.35	27.52
Al_2O_3	12.7	5.75	10.1	0.92	7.37	5.8	3.5	11
CaO	24.3	29.34	19.7	45.42	37.5	35.8	43.05	16.6
Fe_2O_3	1.6	1.29	1.8	3.83	2.26	3.2	0.63	5.04
MgO	2.6	3.02	2.8	3.16	2.74	2.1	1.38	3.14
K_2O	4.3	7.02	8.1	3.85	2.03	4	4.59	8.24
Na_2O	5.8	8.7	8.9	4.16	2.93	3.7	5.8	
SO_3	6.4	N/A	N/A	5.18	14.4	N/A	4.64	8.34
P_2O_5	2.7	1.69	N/A	N/A	1.56	N/A	N/A	N/A
TiO_2	1.5	0.85	1.9	3.12	1.56	N/A	N/A	1.88

Tabella 4: composizione di ossido nella cenere volante (%)

Il trattamento termico a cui vengono sottoposti i rifiuti inceneriti non è in grado di eliminare completamente i metalli presenti nei rifiuti. Al contrario, l'incenerimento, a causa delle complesse reazioni chimiche che avvengono durante la combustione dei rifiuti, può trasformare i metalli in forme chimiche più tossiche o più facilmente biodisponibili per gli organismi viventi che potrebbero entrarvi in contatto. Tra i metalli pesanti comunemente presenti nella cenere prodotta dall'incenerimento dei rifiuti solidi urbani (MSWI) si includono il cromo (Cr), il rame (Cu), il mercurio (Hg), il nichel (Ni), il cadmio (Cd), il piombo (Pb) e lo zinco (Zn).

Di conseguenza, l'obiettivo primario dell'incenerimento dei rifiuti urbani è la completa mineralizzazione della componente organica, ovvero la conversione del carbonio (C), dell'azoto (N) e del fosforo (P) organico in forme minerali. Questo obiettivo è perseguito sia per massimizzare il recupero di energia sia per eliminare completamente qualsiasi potenziale problema legato all'igiene e alla salute pubblica derivante da questa componente organica. Tuttavia, anche negli inceneritori più moderni, non sempre è possibile raggiungere completamente questo obiettivo. La gestione sicura dei metalli pesanti e delle sostanze chimiche tossiche rimane una sfida importante nel trattamento dei rifiuti attraverso l'incenerimento.

3.5 Metodi di trattamento del processo

Il processo di incenerimento dei rifiuti solidi urbani è in costante evoluzione per adattarsi alle normative ambientali sempre più rigorose e per affrontare nuovi effetti negativi scoperti con il passare del tempo, come le emissioni in atmosfera di metalli pesanti. Grazie all'implementazione di complessi e costosi sistemi di trattamento dei fumi, i fattori di emissione di inquinanti atmosferici sono stati significativamente ridotti, e gli inceneritori costruiti con le migliori tecnologie disponibili rispettano ampiamente i limiti di legge.

Tuttavia, questo miglioramento tecnologico ha spostato una parte dei problemi ambientali dalle emissioni in atmosfera alle ceneri prodotte dagli impianti di incenerimento. Le ceneri volanti contengono metalli e composti organici potenzialmente tossici, spesso a concentrazioni superiori rispetto ai materiali post consumo (MPC) prima dell'incenerimento. La composizione delle ceneri prodotte dall'incenerimento dei rifiuti è altamente variabile, principalmente a causa delle differenze nei rifiuti inceneriti, che a loro volta dipendono dai cambiamenti nei modelli di consumo, nei processi di produzione e nelle pratiche di gestione dei rifiuti.

In Italia, la gestione dei rifiuti è regolamentata dal Decreto Ronchi, emanato il 5 febbraio 1997. Questo decreto si basa su quattro principi chiave per la gestione dei rifiuti: la riduzione della produzione di rifiuti, l'incentivazione del recupero e del riciclaggio, l'educazione ambientale dei cittadini e la promozione di una collaborazione attiva tra imprese e comuni.

Per quanto riguarda il trattamento delle ceneri, esistono tre principali metodi che possono essere utilizzati, a seconda degli obiettivi desiderati:

Processi di separazione.

Solidificazione/stabilizzazione.

Metodi termici.

Le strategie di trattamento delle ceneri possono variare in base agli obiettivi specifici. Al fine di ridurre l'impatto ambientale, sono adottati processi che mirano a ridurre la concentrazione complessiva dei contaminanti attraverso il lavaggio, a limitare la perdita di sostanze inquinanti attraverso la stabilizzazione o a ridurre il tasso di dispersione di contaminanti mediante solidificazione.

CAPITOLO IV

4 Applicazioni delle ceneri di MSWI

Per identificare le potenziali utilizzazioni delle ceneri prodotte da impianti di incenerimento di rifiuti solidi urbani (MSWI), è essenziale verificare se soddisfano i seguenti criteri fondamentali:

- Adeguata adattabilità per ulteriori elaborazioni: Le ceneri dovrebbero essere capaci di essere trasformate o integrate in altri processi o materiali senza comprometterne la qualità o l'efficacia.

- Convincenti prestazioni tecniche: Le ceneri dovrebbero dimostrare proprietà fisiche e chimiche che le rendano idonee per l'uso previsto, garantendo la sicurezza e l'efficacia delle applicazioni.

- Limitato impatto ambientale: Le ceneri e le loro possibili applicazioni dovrebbero essere valutate per garantire che non contribuiscano negativamente all'inquinamento dell'aria, del suolo o dell'acqua e che non rappresentino rischi per la salute umana o l'ecosistema.

In un diagramma riassuntivo, verranno presentate le diverse categorie di ceneri MSWI, le loro possibili applicazioni, la composizione chimica e la provenienza, al fine di offrire una panoramica completa delle potenziali utilizzazioni e dei criteri di valutazione pertinenti.

Type	Application	Composition%	Country	Authors
BA	Aggregate in concrete	up to 50% replace up to 15% of	France	[100]
BA	Aggregate in concrete	cement	Slovenia	[101]
BA	Road base		Spain	[39]
BA	Adsorbent for dyes		India	[29]
BA	Concrete		Italy	[102]
Mixed ash	Cement clinker	up to 50%	Portugal	[103]
Mixed ash	Cement clinker	44%	Japan	[31]
Mixed ash	Cement clinker	15%	Taiwan	[30]
Mixed ash	Cement clinker	1.75% FA 3.5% BA	Taiwan	[24]
Mixed ash	Aggregate in concrete		Spain	[27]
FA	Concrete	50%	France	[104]
FA	Eco cement	50%	Japan	[105]
FA	Ceramic tile		China	[26]
FA	Binder for stabilizing sludge	45%	China	[32]
FA	Glass ceramic	75% FA, 20% SiO_2, 5% MgO, 2% TiO_2	Korea	[106]
FA	Glass ceramic (low melting temperature)		China	[28]
FA	Cement clinker	replace up to 30% of raw material	China	[107]
FA	Blended cement	up to 45%	UK	[108]

Tabella 5: applicazioni delle MSWI (Rifiuti Solidi Urbani)

Successivamente, illustreremo i sei metodi di utilizzo e applicazione delle ceneri MSWI, ossia:

1. Produzione di cemento e calcestruzzo: Le ceneri possono essere utilizzate come sostituti parziali del cemento o degli aggregati nella produzione di cemento e calcestruzzo, contribuendo alla riduzione dell'uso di risorse naturali e alla diminuzione dei costi di produzione.

2. Pavimentazione stradale: Le ceneri possono essere incorporate negli strati di base o di superficie delle pavimentazioni stradali per migliorarne le proprietà meccaniche e contribuire alla loro durabilità nel tempo.

3. Vetri e ceramiche: Le ceneri possono essere utilizzate come materia prima per la produzione di vetri e ceramiche, consentendo il riciclo di materiali e riducendo la dipendenza da risorse naturali.

4. Agricoltura: Le ceneri possono essere impiegate come fertilizzante o correttivo del pH del suolo nell'agricoltura, fornendo nutrienti alle piante e migliorando la struttura del terreno.

5.Adsorbenti: Le ceneri possono essere trattate e utilizzate come adsorbenti per rimuovere inquinanti o metalli pesanti dalle acque reflue industriali o dai terreni contaminati, contribuendo alla bonifica ambientale.

6.Produzione di zeoliti: Le ceneri possono essere sfruttate per la sintesi di zeoliti, materiali porosi con elevate capacità di scambio ionico, utilizzati in vari settori come catalizzatori, additivi per detersivi e materiali per la purificazione dell'acqua.

Questi sei metodi offrono diverse opportunità di riutilizzo delle ceneri MSWI, consentendo di massimizzarne il valore e ridurne l'impatto ambientale.

4.1 Produzione di cemento e calcestruzzo

Specificando che, nel settore edilizio, il termine "cemento" si riferisce a una vasta gamma di materiali da costruzione noti come leganti idraulici. Questi materiali, una volta mescolati con acqua, sviluppano proprietà adesive, comunemente denominate proprietà idrauliche. La pasta di cemento, ottenuta dalla miscelazione di cemento e acqua, funge da legante quando combinata con materiali inerti come sabbia, ghiaia e pietrisco, dando origine a differenti tipologie di miscele, tra cui:

Mortaio di cemento: la pasta di cemento mescolata con un aggregato fine, come la sabbia.

Calcestruzzo: la pasta di cemento mescolata con aggregati di diverse dimensioni, quali sabbia e ghiaia.

Calcestruzzo armato: calcestruzzo rinforzato con una struttura di armatura costituita da tondini di acciaio.

Come precedentemente menzionato, le ceneri generate dagli impianti di incenerimento dei rifiuti solidi urbani (MSWI) sono principalmente composte da ossidi come CaO, SiO_2, Fe_2O_3 e Al_2O_3. Questa composizione rispecchia quella delle materie prime impiegate nella produzione del cemento. Di conseguenza, le ceneri potrebbero essere utilizzate come sostituti delle materie prime naturali nel processo di fabbricazione del cemento, riducendo così la necessità di estrarre risorse minerarie e mitigando l'impatto ambientale associato all'estrazione.

La produzione tradizionale di cemento comporta un elevato consumo energetico e l'emissione di una considerevole quantità di anidride carbonica (CO_2) a causa della decomposizione del calcare ($CaCO_3$) a temperature elevate durante la produzione di clinker, un componente principale del cemento. L'impiego di ceneri MSWI come materia prima del cemento offre il vantaggio di ridurre le emissioni di CO_2, contribuendo così a mitigare l'effetto serra e il cambiamento climatico. Tuttavia, tale pratica presenta anche dei risvolti negativi. L'elevato contenuto di cloruro nelle ceneri può influire negativamente sulla qualità del prodotto e causare corrosione e intasamenti negli scambiatori di calore nei forni di cemento. Inoltre, è essenziale monitorare attentamente le quantità di ceneri MSWI aggiunte al processo per garantire la sicurezza e la qualità del prodotto finale.

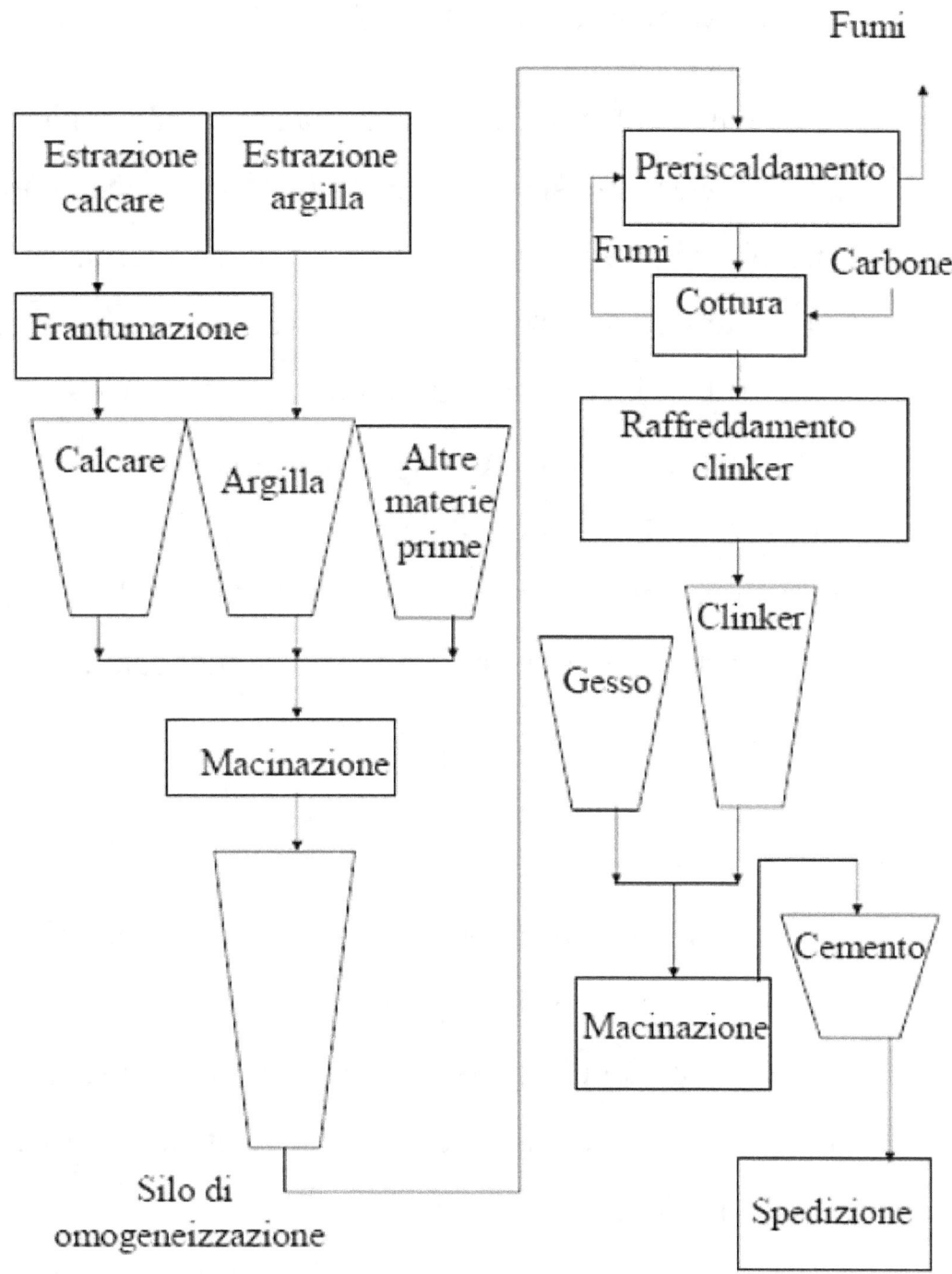

Figura 13: schema di produzione del cemento

4.2 Pavimentazione stradale

La pavimentazione stradale è una struttura complessa costituita da diversi strati di materiali, ognuno con uno spessore specifico e caratteristiche uniche, che viene posata su un terreno esistente mediante l'utilizzo di varie tecnologie costruttive. Questi strati includono sottofondi, strati di base e superfici di usura, ognuno dei quali svolge un ruolo importante nell'assicurare la durabilità e la sicurezza della strada nel tempo. Oltre ai materiali tradizionali come l'asfalto e il calcestruzzo, ci sono anche alternative più sostenibili e innovative che possono essere impiegate per la pavimentazione stradale.

Un'opzione promettente è l'utilizzo di materiali derivati dai rifiuti solidi urbani per la pavimentazione stradale. Questa pratica, conosciuta come "pavimentazione ecologica", prevede l'impiego di materiali riciclati o recuperati da rifiuti urbani, come plastica riciclata, gomma da pneumatici riciclata e aggregati provenienti da rottami di costruzione e demolizione. Questi materiali possono essere trattati e lavorati per creare miscele di bitume e aggregati da utilizzare nei vari strati della pavimentazione stradale.

L'utilizzo di rifiuti per la pavimentazione stradale offre diversi vantaggi. Innanzitutto, riduce la quantità di rifiuti destinati alle discariche, contribuendo così a mitigare il problema globale della gestione dei rifiuti. Inoltre, riduce la dipendenza dalle risorse naturali non rinnovabili, come l'asfalto e il cemento, promuovendo al contempo l'economia circolare e la sostenibilità ambientale. Questa pratica può anche migliorare le prestazioni della pavimentazione, offrendo maggiore resistenza agli agenti atmosferici, all'usura e alla formazione di buche.

Tuttavia, è importante considerare attentamente la qualità e la durabilità dei materiali derivati dai rifiuti utilizzati per la pavimentazione stradale al fine di garantire la sicurezza e la funzionalità delle infrastrutture stradali nel lungo termine. Sono necessarie approfondite ricerche e valutazioni per sviluppare standard e linee guida per l'impiego sicuro ed efficace di questi materiali nella costruzione e nella manutenzione delle strade. Inoltre, è essenziale promuovere la sensibilizzazione e l'adozione di pratiche sostenibili nell'industria della costruzione stradale al fine di massimizzare i benefici ambientali e sociali derivanti dall'utilizzo di rifiuti per la pavimentazione stradale.. La figura seguente illustra una tipica stratificazione di una pavimentazione stradale:

Tipologia strato	Strato	Spessore
Manto d'usura		5~100 mm
Binder		20~150 mm
Base		50~250 mm
Fondazione legata		70~300 mm
Fondaz. non legata		Variabile
Suolo sottostante		

Figura 14: stratificazione pavimentazione stradale

La pavimentazione stradale rappresenta una struttura stratificata complessa, caratterizzata dalla sovrapposizione di diversi strati distinti. Il primo strato, fondamentale per la stabilità della pavimentazione, è il substrato, che costituisce il terreno sottostante su cui si poggia l'intera struttura.

Subito sopra il substrato si trova lo strato di sub-base, realizzato con materiali come ghiaia naturale o aggregati stabilizzati con cemento o calce. Questo strato svolge un ruolo cruciale nel fornire stabilità e sostegno aggiuntivo alla pavimentazione, garantendo una distribuzione uniforme dei carichi.

Procedendo verso l'alto, troviamo il livello successivo chiamato base, che può essere realizzato con una vasta gamma di materiali, tra cui asfalto pre-miscelato, calcestruzzo cementato, ghiaia granulare graduata, roccia frantumata o materiali stabilizzati con calce o cemento. La base costituisce un'altra componente fondamentale della struttura della pavimentazione, contribuendo alla sua resistenza e durabilità nel tempo.

Infine, il livello superiore, noto come manto, rappresenta la parte più esposta all'usura e agli agenti atmosferici. Pertanto, deve essere realizzato con materiali altamente resistenti e durevoli. Tra i materiali più comunemente utilizzati per il manto stradale vi sono la pavimentazione bituminosa e il calcestruzzo asfaltato, che offrono una superficie robusta e sicura per il transito veicolare.

Una figura esplicativa, inclusa di seguito, fornisce una chiara rappresentazione della struttura stratificata della pavimentazione stradale, evidenziando l'importanza di ogni singolo strato nella creazione di una superficie stradale sicura e affidabile.

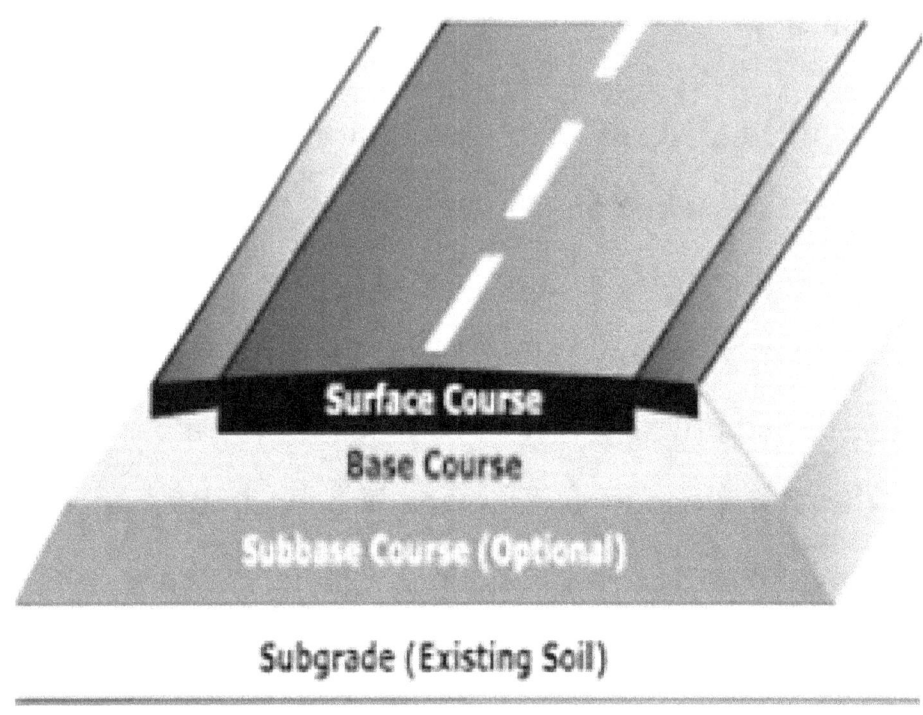

Figura 15: struttura pavimentazione stradale

L'utilizzo della cenere di fondo MSWI come sostituto dei materiali nella base e nella sotto-base delle strade rappresenta un approccio promettente in termini di sostenibilità e circolarità, contribuendo in modo significativo all'efficiente utilizzo delle risorse disponibili. Studi condotti hanno evidenziato che la sostituzione della ghiaia con la cenere di fondo in queste applicazioni non ha causato significativi rilasci nell'ambiente di elementi come calcio (Ca), ferro (Fe), nichel (Ni), piombo (Pb) e altri.

Tuttavia, è fondamentale affrontare con determinazione le preoccupazioni legate allo sversamento e al rilascio di contaminanti nei suoli e nelle acque sotterranee. Queste preoccupazioni rappresentano un elemento cruciale per garantire che l'uso delle ceneri di fondo MSWI sia sostenibile dal punto di vista ambientale. Pertanto, gli studiosi stanno attivamente conducendo ricerche per sviluppare soluzioni atte a ridurre al minimo l'impatto ambientale associato all'impiego di questi materiali riciclati.

In definitiva, l'impiego delle ceneri di fondo MSWI nelle infrastrutture stradali offre una serie di benefici sia dal punto di vista ambientale che economico. Tuttavia, è essenziale adottare precauzioni e soluzioni tecniche adeguate per mitigare eventuali impatti negativi e garantire un uso responsabile e sostenibile di tali materiali riciclati.

CONCLUSIONI

La direttiva europea costituisce un fondamentale insieme di normative che disciplinano la gestione dei rifiuti all'interno dell'Unione Europea, ponendo la tutela dell'ambiente e della salute pubblica come obiettivo primario. Questa legislazione enfatizza l'importanza vitale di adottare pratiche di gestione, riutilizzo e riciclaggio dei rifiuti che non solo riducano il consumo di risorse, ma promuovano anche un uso sostenibile delle stesse, contribuendo così a costruire un futuro più verde e prospero.

Nella ricerca di un approccio ottimale alla gestione dei rifiuti, la normativa europea stabilisce una gerarchia chiara, evidenziando le fasi di prevenzione, riutilizzo, riciclaggio e recupero di energia. È fondamentale comprendere che il recupero di materia deve avere la priorità sul recupero di energia, evidenziando l'importanza del riutilizzo e del riciclaggio rispetto alla valorizzazione energetica dei rifiuti e alla discarica, poiché rappresentano l'opzione più sostenibile e rispettosa dell'ambiente.

Promuovere una gestione dei rifiuti autenticamente sostenibile richiede l'adozione di politiche mirate a proteggere la salute umana e a ridurre gradualmente il ricorso alle discariche. Questo obiettivo può essere raggiunto attraverso una riduzione consapevole dei consumi e degli sprechi. Tuttavia, per garantire un cambiamento duraturo, è essenziale non solo contenere la crescente produzione di rifiuti, ma anche ridefinire radicalmente il sistema ambientale e culturale esistente, creando un modello di gestione dei rifiuti incentrato sulla valorizzazione e sul riutilizzo delle risorse.

Per quanto riguarda l'Italia, dove l'incenerimento costituisce una quota significativa del trattamento dei rifiuti, siamo consapevoli dei rischi ambientali associati a questa pratica, tra cui le emissioni nocive nell'atmosfera. Tuttavia, è altresì vero che l'incenerimento offre l'opportunità di recuperare energia dalla combustione dei rifiuti, che può essere utilizzata per generare calore o elettricità. Tuttavia, miriamo alla trasformazione degli impianti di incenerimento in strutture in grado di recuperare non solo energia, ma anche materia. In una società eco-sostenibile ideale, dovremmo privilegiare soluzioni che puntino al recupero dei materiali, assicurando al contempo il pieno rispetto delle normative ambientali e delle leggi nazionali.

Parlando degli aspetti positivi e negativi delle pratiche di gestione dei rifiuti, va detto che queste pratiche possono portare a diversi vantaggi, tra cui la riduzione dell'estrazione di risorse naturali, la promozione del riutilizzo e del riciclaggio dei materiali, la diminuzione dell'inquinamento ambientale e la conservazione degli habitat naturali. Tuttavia, è fondamentale anche riconoscere i rischi ambientali associati a determinate pratiche di gestione dei rifiuti. Ad esempio, l'incenerimento dei rifiuti può generare emissioni nocive nell'aria, come diossine e metalli pesanti, che possono danneggiare la salute umana e l'ecosistema circostante. Allo stesso modo, lo smaltimento in discarica può causare contaminazione del suolo e delle acque sotterranee a causa del percolato, un liquido che si forma quando l'acqua piovana entra in contatto con i rifiuti depositati.

Per affrontare efficacemente questi rischi ambientali, è necessario adottare un approccio integrato che ponga al centro l'ecosistema nel suo insieme, anziché concentrarsi esclusivamente sull'uomo. Ciò significa considerare gli impatti a lungo termine sulle comunità locali, sulla biodiversità e sugli ecosistemi naturali prima di implementare qualsiasi pratica di gestione dei rifiuti. Inoltre, è fondamentale coinvolgere attivamente le parti interessate, comprese le comunità locali, nella pianificazione e nell'attuazione di soluzioni sostenibili. Questo potrebbe includere l'implementazione di politiche di riduzione dei rifiuti alla fonte, l'adozione di tecnologie pulite e innovative per il trattamento dei rifiuti e l'educazione pubblica sull'importanza della gestione responsabile dei rifiuti.

BIBLIOGRAFIA

-ISPRA - Rapporto rifiuti urbani edizione 2023 – aggiornamento febbraio 2024

-D.lgs. Governo n.152 del 03/04/2006 Parte IV, *Norme in materia ambientale.*

-ISPRA, *Rapporto sul recupero energetico da rifiuti urbani in Italia, edizione 2023*

-D.lgs. Governo n.152/06, art. 184, c. 2, *Rifiuti Urbani*

-Chandler, A. J., Eighmy, T. T., Hjelmar, O., Kosson, D. S., Sawell, S. E., Vehlow, J., ... & Hartlén, J. (1997). *Municipal solid waste incinerator residues* (Vol. 67). Elsevier.

-Park, Y. J., & Heo, J. (2002). Vitrification of fly ash from municipal solid waste incinerator. *Journal of Hazardous Materials*, *91*(1-3), 83-93.

-Chimenos, J. M., Segarra, M., Fernández, M., & Espiell, F. (1999). Characterization of the bottom ash in municipal solid waste incinerator. *Journal of hazardous materials*, *64*(3), 211-222.

-Jakob, A., Stucki, S., & Kuhn, P. (1995). Evaporation of heavy metals during the heat treatment of municipal solid waste incinerator fly ash. *Environmental Science & Technology*, *29*(9), 2429-2436.

-Sakai, S. I., & Hiraoka, M. (2000). Municipal solid waste incinerator residue recycling by thermal processes. *Waste management*, *20*(2-3), 249-258.

-Li, M., Xiang, J., Hu, S., Sun, L. S., Su, S., Li, P. S., & Sun, X. X. (2004). Characterization of solid residues from municipal solid waste incinerator. *Fuel*, *83*(10), 1397-1405.

-Rendek, E., Ducom, G., & Germain, P. (2006). Carbon dioxide sequestration in municipal solid waste incinerator (MSWI) bottom ash. *Journal of hazardous materials*, *128*(1), 73-79.